计算机教材

面向应用与实践系列

董延华　王铭　李爽　罗琳　李晓佳　佘安琪　编著

Linux操作系统 管理与应用（第2版）

清华大学出版社

北京

内 容 简 介

本书的主要内容包括计算机系统、Linux 操作系统的安装与管理、网络与服务器配置三部分。第一部分主要介绍计算机硬件系统、计算机软件系统和 Linux 操作系统；第二部分主要以 Linux 操作系统管理为重点，内容包括 Linux 操作系统的安装及引导、Linux 基本配置、Linux 用户管理、Linux 文件权限、Linux 硬盘管理；第三部分以 Linux 操作系统的网络应用为主，内容包括网络相关知识、服务与进程管理，并重点介绍常用的 NFS 服务器、Apache 服务器和 FTP 服务器。本书附录以 QQ 农场为例综合应用引入实战项目。

本书是作者在多年教学实践的基础上编写的 Linux 操作系统应用方面的基础教材，内容以实践教学及学生的认知为主线，合理安排知识点。全书语言简洁、图文并茂、通俗易懂，可作为主机运行与维护（运维）的基础教材，也可作为 Linux 操作系统课程的基础教材，还可作为计算机安装与维护的参考教材。

图书在版编目（CIP）数据

Linux 操作系统管理与应用/董延华等编著. —2 版. —北京：清华大学出版社，2024.1
计算机教材·面向应用与实践系列
ISBN 978-7-302-64411-8

Ⅰ.①L…　Ⅱ.①董…　Ⅲ.①Linux 操作系统－高等学校－教材　Ⅳ.①TP316.85

中国国家版本馆 CIP 数据核字（2023）第 152682 号

责任编辑：袁勤勇
封面设计：常雪影
责任校对：韩天竹
责任印制：宋　林

出版发行：清华大学出版社
　　　　　网　　址：https://www.tup.com.cn,https://www.wqxuetang.com
　　　　　地　　址：北京清华大学学研大厦 A 座　　　　　邮　　编：100084
　　　　　社 总 机：010-83470000　　　　　　　　　　　邮　　购：010-62786544
　　　　　投稿与读者服务：010-62776969，c-service@tup.tsinghua.edu.cn
　　　　　质量反馈：010-62772015，zhiliang@tup.tsinghua.edu.cn
　　　　　课件下载：https://www.tup.com.cn,010-83470236
印 装 者：三河市龙大印装有限公司
经　　销：全国新华书店
开　　本：185mm×260mm　　　印　　张：15.5　　　字　　数：359 千字
版　　次：2016 年 9 月第 1 版　　2024 年 1 月第 2 版　　印　　次：2024 年 1 月第 1 次印刷
定　　价：58.00 元

产品编号：101042-01

前　言

为贯彻落实党的二十大精神,要加强国家的信息技术基础设施建设,推动数字经济的发展,提高国家的信息化水平,建设世界科技强国。加强基础研究,是实现高水平科技自立自强的迫切要求,Linux 操作系统作为计算机基础研究的技术手段之一,扮演着推动科技创新和经济转型升级的重要角色。

在我国软件被"卡脖子"的背景下,Linux 操作系统具有很好的应用前景和推广价值。通过推广和使用 Linux 操作系统,可以提高我国软件产业的自主创新能力和核心竞争力,同时也可以促进我国软件产业的转型升级和国际化发展。

因此,在 Linux 操作系统课程中,应该注重培养学生对 Linux 操作系统的认知和应用能力,鼓励学生积极参与开源社区,同时也可以通过课程设计和实践项目等方式,促进 Linux 操作系统在我国软件产业中的推广和应用。

Linux 操作系统管理与应用是主机运行与维护(简称"运维")系列教材的基础部分,在介绍计算机软硬件系统的基础上,主要以 CentOS 发行版为基础讲授 Linux 操作系统管理及其在网络服务器方面的具体应用知识,既可为操作系统原理课程提供实践指导,又可为后续的 Linux 编程及主机运维奠定基础。

本书是在借鉴有关 Linux 操作系统应用系列相关教材的基础上,结合作者多年在吉林师范大学计算机学院各专业教学实践的探索,并根据计算机相关专业教学课程体系和课时安排,精选系统、实用的内容模块,内容难易适当、操作性强。本书不仅介绍简单的命令及参数,更加注重相关的理论知识,与操作系统原理等课程前后衔接,真正做到理论与实践相结合,使学生真正从系统的深度掌握 Linux 的管理并能够真正地应用,不但知其然,还能知其所以然。

在 Linux 操作系统版本选择上,本书以与红帽公司 RHEL 兼容的 CentOS 6.6 为基础,既兼容目前各企业广泛采用的 RHEL 5.x 和 6.x,还可为学生进一步地学习 RHEL 7.x 打下基础。

为了满足 Linux 操作系统在网络及服务器方面的应用,本书主要介绍文本(命令行)操作界面,针对图形界面部分则主要为初学者适应与 Windows 桌面环境衔接而作简要介绍。

本书的编写分工为:董延华负责编写第 14 章,李爽负责编写第 1 章、第 11~13 章和附录 A,罗琳负责编写第 5 章和第 10 章,李晓佳负责编写第 8 章和第 9 章,王铭负责编写第 3 章和第 7 章,佘安琪负责编写第 2 章、第 4 章和第 6 章,最后董延华对全书进行了统稿,李爽、王铭对全书进行了校对。

　　在本书的编写过程中参考了一些网络资源,在这里向这些内容创作者一并表示感谢。

　　因为时间仓促,书中一定存在不少缺点与不足,欢迎读者和同行批评指正。

编　者

2024 年 1 月

目 录

第一部分 计算机系统

第二部分　Linux 操作系统的安装与管理

第三部分　网络与服务器配置

第一部分
计算机系统

自 2018 年以来中美之间贸易冲突不断，中国出口美国的高端制造商品被大规模加征关税，华为公司被美国列入"实体清单"，不少 IT 企业发展遇到了前所未有的困难。这一系列事件表明我国 IT 信息产业基础设施缺少核心技术，国内厂商市场占有率低，凸显出中国在战略性高新技术产业实现自主可控的紧迫性。实现核心科技自主可控是我国崛起的必经之路。

第 1 章　计算机硬件系统

所谓计算机硬件是指组成计算机的各种物理设备,也就是人们看得见,摸得着的实际物理设备。

1.1　计算机硬件系统构成

从世界上第一台电子计算机 ENIAC 的诞生到人们现在所使用的计算机,计算机系统的技术已经得到突飞猛进的发展,但无论计算机属于何种机型、外形和配置发生多大的改变,计算机硬件系统的基本结构都没有发生变化,仍然属于冯·诺依曼体系计算机,即由控制器、运算器、存储器、输入设备和输出设备 5 部分组成。

1.1.1　控制器

控制器是计算机指挥和控制其他各部分工作的中心设备,其工作过程和人的大脑指挥控制人的各器官一样,是计算机的指挥中枢,它按照人们事先给定的指令步骤统一指挥各部件有条不紊地协调动作。控制器的功能决定了计算机的自动化程度。

控制器由程序计数器、指令寄存器、指令译码器、时序产生器和操作控制器组成,它是发布命令的"决策机构",即协调和指挥整个计算机系统的操作。

控制器的主要功能如下。

(1) 从内存中取出一条指令,并指出下一条指令在内存中的位置。

(2) 对指令进行译码或测试,并产生相应的操作控制信号,以便启动规定的动作。

(3) 指挥并控制运算器、存储器和输入输出设备之间数据流动的方向。

1.1.2　运算器

运算器依照程序的指令功能完成对数据的加工和处理。它能够提供算术运算(加、减、乘、除)和逻辑运算(与、或、非)。

控制器和运算器通常被集中在一整块芯片上,构成中央处理器,简称 CPU(central processing unit)。其中,算术逻辑单元主要负责程序运算和逻辑判断,控制单元则主要协调各周边组件和各单元间的工作。CPU 的性能是计算机主要性能技术指标之一,人们习惯用 CPU 的档次大体表示计算机的规格,而衡量 CPU 的一个性能指标是"主频",主频越高,计算机处理数据速度越快。

CPU 内部包含若干指令集,人们所使用的软件都要经过 CPU 内部的指令集完成运算。指令集主要分为两种,即精简指令集(reduced instruction set,RIS)和复杂指令集(complex instruction set,CIS),采用这两种指令集的计算机分别被称为精简指令集计算机(RIS computer,RISC)和复杂指令集计算机(CIS computer,CISC)。

1. 精简指令集计算机(Reduced Instruction Set Computing，RISC)

这种计算机的 CPU 设计中，指令集较为精简，每个指令的运行时间都较短，完成的动作也很简单，指令的执行效率较高，但是若要做复杂的操作就要由多个指令完成。常见的精简指令集 CPU 主要有 IBM 公司的 Power Architecture(包括 PowerPC)系列与 ARM(Advanced RISC Machine，更早被称作 Acorn RISC Machine)系列等。

在应用方面，PowerPC 架构应用于一些低功耗设备，例如 Sony 公司出产的 Play Station 3(PS3)就是使用 PowerPC 架构的 Cell 处理器；ARM 系列的应用范围更加广泛，读者常使用的各厂商手机、PDA、导航系统、网络设备(交换器、路由器等)等几乎都使用 ARM 架构的 CPU。目前世界上使用范围最广的 CPU 可能就是 ARM。

2. 复杂指令集计算机(Complex Instruction Set Computer，CISC)

与 RISC 不同，CISC 的指令集每个小指令可以执行一些较低阶的硬件操作，指令数目多而且复杂，每条指令的长度并不相同。因为指令执行较为复杂，所以每条指令花费的时间较长，但每条指令可以处理的工作较为丰富。常见的 CISC 指令集 CPU 主要有 AMD、Intel 等的 x86 架构的 CPU。

由于 AMD、Intel 所开发的 x86 架构 CPU 被大量地应用于个人计算机等设备，因此，个人计算机常被称为 x86 架构计算机。其之所以被称为 x86 架构，是因为最早 Intel 发展出来的 CPU 代号为 8086，后来依此架构又开发了 80286、80386 等，因此这种架构的 CPU 就被统称为 x86 架构。

在 2003 年以前，由 Intel 所开发的 x86 架构 CPU 陆续由 8 位升级到 16 位、32 位，后来 AMD 依此架构修改新一代的 CPU 为 64 位，为了区别二者的差异，64 位的个人计算机 CPU 又被统称为 x86_64 的架构。

那么不同的 x86 架构的 CPU 有什么差异呢？除了 CPU 的整体结构(如第二层快取、每次运作可执行的指令数等)之外，主要在于微指令集的不同。新的 x86 的 CPU 大多含有先进的微指令集，这些微指令集可以提升多媒体程序的运行效率，也能够加强虚拟化应用的功能，而且某些微指令集更能够提升能源效率，让 CPU 功耗降低。由于电费越来越高，购买计算机时，除了考虑整体的效能之外，能耗续航也是需要重点考虑的因素，图 1-1 为常见的两款 CPU。

图 1-1   常见的两款 CPU

1.1.3　存储器

如果说 CPU 是计算机的大脑,用于计算和控制的功能,那么计算机中用于记忆的部件就是存储器,它将输入设备接收到的信息以二进制的形式存储起来。CPU 是运算速度越快越好,而存储器则是容量越大越好。根据组成介质、存取速度的不同又可以将存储器分为内存储器和外存储器两种,如图 1-2 所示。

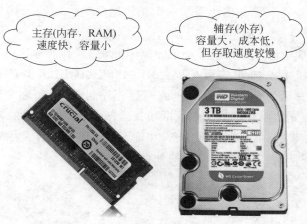

图 1-2　存储器

内存储器简称内存,计算机要执行的程序、要处理的信息和数据都必须先存入内存,才能由 CPU 取出进行处理。内存储器由半导体材料制成,它通过电路和 CPU 连接。计算机在工作时,将用户需要的程序与数据装入内存,CPU 到内存中读取指令与数据;在 CPU 运算过程中产生的结果又会被写入内存。与外存相比,内存的特点是存储容量较小、存取速度快。

从使用功能上又可将内存储器分为随机存储器(random access memory,RAM)和只读存储器(Read Only Memory,ROM),如图 1-3 所示。

只读存储器(ROM)　　　　　　　　　　随机存储器(RAM)

其中的信息一般为只读的,断电后信息不会丢　　一种可读写的存储器,断电后信息会丢失,
失,如存放基本输入输出控制系统BIOS信息　　又被称为易失性存储器,如主机中的内存条

图 1-3　内存

(1) 随机存储器(RAM)的特点是可以读出也可以写入,读出操作并不会损坏原来存储的内容,只有写入时才会修改原来所存储的内容。断电后,存储内容立即会消失,即具有易失性。

(2) 只读存储器(ROM)的特点是 ROM 中存储的数据只能读出,不能由用户再写入新内容。原来存储的内容是采用掩膜技术由厂家一次性写入并永久保存下来的。它一般用来存放计算机经常使用且固定不变的程序和数据,其不会因断电而丢失。ROM 中保存的最重要的程序是基本输入输出系统(BIOS),这是一个对输入输出设备进行管理的程序。

充当内存的集成电路芯片做在一小条印制电路板上,其被称为内存条。内存条可以很方便地插在计算机主板上,其容量有 256MB、512MB、1GB、2GB、4GB 和 8GB 等。

外存储器被简称为外存,由磁性材料或闪存芯片制成,用来放置需要长期保存的数据,它解决了随机存储器内存不能保存数据和只读存储器写入困难的缺点,外存的种类很多,像硬盘、软盘、磁带等,能长期保存信息,并且不依赖供电。与内存相比,外存的特点是存储容量大、价格较低、速度较慢。常见的外存如图 1-4 所示。

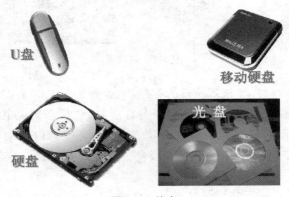

图 1-4　外存

存储容量的基本单位是字节(B),扩展单位 KB(千字节)、MB(兆字节)、GB(吉字节)、TB(太字节)等,它们之间的换算关系如下。

- 1KB=1024B。
- 1MB=1024KB。
- 1GB=1024MB。
- 1TB=1024GB。

1.1.4　输入设备

输入设备就是向计算机输入数据的设备,它接受用户的程序和数据,并将之转换成二进制代码送入计算机的内存中存储起来,供计算机使用。常见的输入设备有键盘、鼠标、扫描仪、话筒和手写笔等。微型计算机中键盘是标准输入设备。常见的输入设备如图 1-5 所示。

图 1-5　输入设备

1.1.5　输出设备

　　输出设备是把计算机处理后的数据以人们能够识别或其他设备所需要的形式表现出来的设备。常见的输出设备有显示器、打印机、绘图仪、音箱等。微型计算机中显示器也是标准的输出设备。常见的输出设备如图 1-6 所示。

显示器　　　　　　　　　　　　打印机

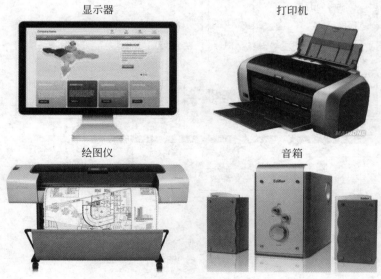

绘图仪　　　　　　　　　　　　音箱

图 1-6　输出设备

　　计算机拥有输入输出设备就如同人有了眼睛可以看、耳朵可以听、嘴巴可以讲、手可以写字一样，输入输出设备是计算机与外界沟通的桥梁。

　　计算机的五大部分通过系统总线完成指令所传达的任务。系统总线由地址总线、数据总线和控制总线组成。当计算机接受指令后，由控制器指挥，将数据从输入设备传送到存储器存储起来；再由控制器将需要参加运算的数据传送到运算器，由运算器进行处理，处理后的结果由输出设备输出，其过程如图 1-7 所示。

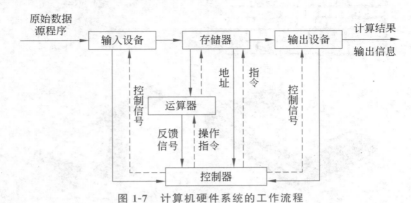

图 1-7　计算机硬件系统的工作流程

1.1.6　典型系统的硬件组成

计算机硬件的基本结构包括计算机主机和外部设备。从外观看，它是由以下几个部分组成的：中央处理器、内存、系统总线、显示器、键盘、鼠标、磁盘存储器等，如图 1-8 所示。

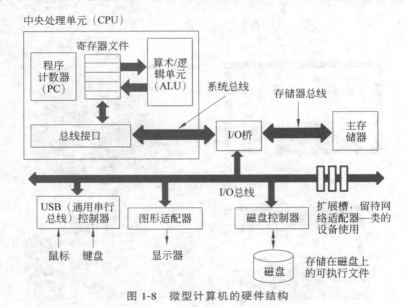

图 1-8　微型计算机的硬件结构

1. 总线

贯穿整个系统的是一组电子管道，它被称作总线，携带数据并负责数据在各个部件之间的传递。总线通常被设计成传送定长的字节块，也就是字（word）。字中的字节数（即字长）是系统的基本参数，其在各个系统中的情况都不尽相同。现在的计算机字长有的是

4 字节(32 位),有的是 8 字节(64 位)。

2. I/O 设备

输入/输出(I/O)设备是系统与外部世界的联系通道。图 1-8 所示的系统包括四个 I/O 设备:作为用户输入设备的键盘和鼠标,作为输出设备的显示器,以及用于长期存储数据和程序的磁盘驱动器(简单地说就是磁盘)。

每个 I/O 设备都通过一个控制器或适配器与 I/O 总线相连。控制器和适配器之间的区别主要在于它们的封装方式。控制器是 I/O 设备本身或者系统主板的芯片组,而适配器则是一块插在主板槽上的卡。无论如何,它们的功能都是在 I/O 总线和 I/O 设备之间传递信息。

3. 主存

主存是一个临时存储设备,在处理器执行程序时,用来存放程序和由程序处理的数据。从物理上来说,主存是由一组动态随机存储器(DRAM)芯片组成的。从逻辑上来说,存储器是一个线性的字节数组,每个字节都有唯一的地址(即数组索引),这些地址是从零开始计序的。一般来说,组成程序的每条机器指令都是由不同数量的字节构成,与 C 程序变量相对应的数据项的大小是根据类型变化的。例如,char 类型的数据需要 1 个字节,short 类型的数据需要 2 个字节,int、float、long 类型的数据需要 4 个字节。而 double 类型的数据需要 8 个字节(针对不同的机器,相同类型的变量字节数可能不同)。

4. 处理器

中央处理单元(CPU)简称处理器,是解释(或执行)存储在主存中指令的引擎,处理器的核心是大小为一个字长的存储设备(或寄存器),简称程序计数器(program counter,PC),在任何时刻,程序计数器都指向主存中的某条机器指令(即含有该条指令的地址)。

从系统通电开始直到系统断电,处理器一直在不断地执行程序计数器指向的指令,再更新程序计数器,使其指向下一条指令。处理器看上去是按照一个非常简单的指令模型操作的,这个指令模型是由指令集结构决定的。在这个模型中,指令按照严格的顺序执行,而执行一条指令包含执行一系列的步骤,处理器从程序计数器指向的存储器处读取指令,解释指令中的位,执行该指令的操作,然后更新,再指向下一条指令,需要注意的是,这条指令并不一定与存储器中刚刚执行的指令相邻。

这样的操作并不多,它们围绕主存、寄存器文件(register file)和算术/逻辑单元(arithmetic logical unit,ALU)进行。寄存器文件是一个小的存储设备,由一些单个字长的寄存器组成,每个寄存器都有唯一的标识符,ALU 计算新的数据和地址值。

CPU 接收到指令后,可以执行以下操作。

(1)加载:把一个字节或一个字从主存复制到寄存器,以覆盖寄存器原来的值。

(2)存储:把一个字节或一个字从寄存器复制到主存的某个位置,以覆盖这个位置上原来的内容。

(3)操作:把两个寄存器的内容复制到 ALU,由 ALU 对这两个字做算术运算,并将结果存放到一个寄存器中，以覆盖该寄存器中原来的内容。

（4）跳转：从指令本身抽取一个字，并将这个字复制到程序计数器中，以覆盖程序计数器原来的值。处理器看上去只是它的指令集结构的简单实现，但是实际上现代处理器使用了非常复杂的机制以加速程序的执行。

一直以来，人们印象中芯片厂商多是国外企业，如个人计算机时代有英特尔、AMD、英伟达等厂商，在移动计算时代，高通、三星、苹果等国外厂商又占据了芯片设计、生产甚至制造的主要地位。不过，随着国内厂商自身技术的发展，这样的情况也在逐渐改变，出现了诸如华为海思、展讯等厂商，它们既有处理器核心设计能力，又拥有完整的通讯模块设计能力，还可以将整个 SoC(system on chip，单片系统)功能有机整合在一起。这些厂商的出现代表着国内厂商正逐渐向产业上游和高端制造迈进，虽然仍与行业顶端的厂商存在差距，但发展趋势是总体向上的。

2014 年，华为海思推出了热门产品麒麟 920，使其成功树立了自家 SoC 的中高端产品形象。从技术综合能力来看，华为海思在移动 SoC 芯片上，尤其在通信技术上是颇具实力的。在麒麟 920 上，华为海思实现了全球首个整合 CAT.6 制式的产品，使其无线网络速度最高可达 300Mb/s。在后续麒麟 930 上，华为海思进一步加强了移动芯片的网络应用体验，更贴近用户的实际需求。

展讯也是我国通信技术方面的重要厂商，2015 年 4 月展讯在北京召开了一次发布会，宣布旗下最新的 4G 时代产品面世，具体型号为 SC9830A。SC9830A 采用的是四核心 Cortex-A7 搭配 Ma1i-400MP2 的方案，这个方案从产品角度来说是面向入门级市场的。不过最值得一提的是，SC9830A 直接集成了基带芯片，支持 GSM、WCDMA、TD-SCMDA、TD-LTE、LTE-FDD 等五种网络制式，还额外支持双卡双待。更令人惊讶的是展讯顺便将 Wi-Fi、蓝牙、GPS、FM 等功能芯片一起集成进去，免去了设备厂商额外搭配其他芯片的麻烦，进一步降低了成本。这样一来，展讯 SC9830A 可以被称作目前市场上最超值、功能最齐全、性价比最好的整合基带芯片的 4G 移动 SoC 产品。

目前国内厂商已经逐渐开始走向产业链的中、上游，不再单纯满足于加工制造，从华为海思、展讯等厂商在技术尤其是通信技术上的突破就可以看出，随着国家政策的支持和国内研发力量的逐渐壮大，未来在芯片和通信领域，相信还将会有更多的国内厂商推出自有技术和创新产品。

1.2　基本输入输出系统

BIOS(basic input output system，基本输入输出系统)是一组固化到计算机内主板 ROM 芯片上的程序，它保存着计算机最重要的、用于实现基本输入输出的程序、系统设置信息、开机后自检程序和系统自启动程序，其主要功能是为计算机提供最底层的、最直接的硬件管理和控制功能。计算机只有通过了 BIOS 的自检才会把权限交给操作系统。例如，计算机启动 BIOS 没有检测到键盘，那么它马上就会报错，并且终止操作，等待用户的处理。熟悉并掌握 BIOS 的基本操作方法对维护、使用计算机大有裨益。

1.2.1　BIOS 及 CMOS 基本功能

BIOS 设置程序被存储在 BIOS 芯片中,而 BIOS 芯片则位于主板上,通常是一块长方形或正方形芯片,只有在开机时才可以由用户进行设置。一般在计算机启动时按 F2 键或者 Delete 键可以进入 BIOS 设置界面,一些特殊机型需按 F1 键、Esc 键、F12 键等进行设置。

进入 BIOS 后的界面如图 1-9 所示,不同主板的 BIOS 界面有所不同。

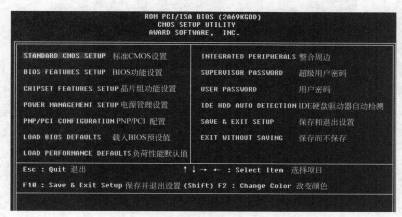

图 1-9　BIOS 界面

在 BIOS 的设置项中,最常用的就是 BIOS 启动项设置。在安装操作系统时,传统的安装方法是使用光盘介质引导系统安装程序,即在安装系统的时候需要把系统安装光盘放入光驱中,启动计算机后,计算机就会自动从光驱启动,进入安装程序。如果某台计算机没有光驱,那么人们目前常用的方法是使用 U 盘启动,这就需要掌握 BIOS 启动项的设置方法。

由于主板型号不同,BIOS 设置启动项的页面也不尽相同,下面以一种主板为例说明修改步骤。

(1) 进入 BIOS 设置界面。在启动计算机,刚出现开机画面的时候按住 Delete 键(不同型号主板相应的按键不同)即可进入 BIOS 设置界面,如图 1-10 所示(也可能有不同的界面,但是原理是大同小异的)。

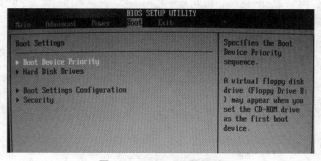

图 1-10　BIOS 设置界面

(2) 在 BIOS 界面中,使用键盘的方向键选择操作项。在上述界面中,选择 BOOT (启动)→Boot Device Priority(启动首选项),按 Enter 键,进入如图 1-11 所示的界面。

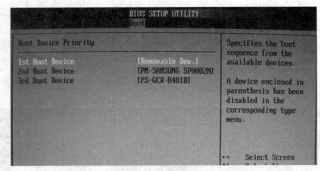

图 1-11　Boot Device Priority 界面

(3) 选择 1st Boot Device(第 1 启动设备),系统会出现 Hard Disk Drives(磁盘驱动),选择 U 盘设备,则启动设置就完成了。用同样的方法可以设置第 2 启动项和第 3 启动项。在计算机启动时,计算机首先会从第 1 启动项中设置的设备中查找引导程序,如果没有找到,则依次从第 2、第 3 启动项中查找;如果都未找到,则计算机启动失败。

1. 自检及初始化

自检及初始化部分负责启动计算机,具体有三部分。

第一部分用于在计算机刚接通电源时对硬件部分的检测,也叫加电自检,功能是检查计算机是否良好,完整的 POST(power on self test)自检将包括对 CPU、640K 基本内存、1M 以上的扩展内存、ROM、主板、CMOS(complementary metal oxide semiconductor,互补金属氧化物半导体)存储器、串并口、显示卡、软/硬盘子系统及键盘进行测试,一旦发现问题,系统将给出提示信息或鸣笛警告。自检中如发现有错误,将按两种情况处理。

(1) 对于严重故障停机。此时由于各种初始化操作还没完成,系统无法给出任何提示或信号。

(2) 对于非严重故障,系统将给出提示或声音报警信号,等待用户处理。

第二部分是初始化,包括创建中断向量、设置寄存器、对一些外部设备进行初始化和检测等,其中很重要的一部分是初始化 BIOS 设置,主要是初始化硬件的一些参数。在计算机启动时会读取这些参数,并和实际硬件设置进行比较,如果不符合,则其会影响系统的启动。

第三部分是引导程序,功能是引导操作系统。BIOS 先从硬盘或其他驱动器的开始扇区读取引导记录,如果没有找到,则会在显示器上显示缺失引导设备的信息提示;如果找到引导记录,则系统会把计算机的控制权转给引导记录,由引导记录把操作系统加载入计算机。在计算机成功启动后,BIOS 的这部分任务就完成了。

2. 程序服务处理

程序服务处理程序主要是为应用程序和操作系统服务,这些服务主要与输入输出设备有关,如读取磁盘、从文件输出到打印机等。为了完成这些操作,BIOS 必须直接与计算机的输入输出设备打交道,它通过端口发出命令,向各种外部设备发送数据并从它们那里接收数据,使程序能够脱离具体的硬件操作。

3. 硬件中断处理

硬件中断用于处理硬件的需求,BIOS 的服务功能是通过调用中断服务程序实现的,这些服务被分为很多组,每组有一个专门的中断。例如,视频服务中断号为 10H;屏幕打印中断号为 05H;磁盘及串行口服务中断号为 14H 等。每一组服务又根据具体功能细分为不同的服务号。应用程序需要使用外设、执行什么操作只需要在程序中用相应的指令说明即可,无须直接控制。

1.2.2　UEFI 基本功能

从按下开机键到进入操作系统之前的系统初始化动作,即 BIOS 执行的过程。但随着 64 位 CPU 逐渐取代 32 位 CPU,传统的 BIOS 越来越不能满足市场需求,这使得 UEFI 作为 BIOS 的替代者应运而生。

UEFI 全称"统一可扩展固件接口"(unified extensible firmware interface),其定义了操作系统和平台固件之间的接口,它是 UEFI 论坛发布的一种标准,其实现由其他公司或开源组织提供,如 Intel 公司提供的开源 UEFI 实现 TianoCore 和 Phoenix 公司提供的 SecureCore Tiano。

UEFI 发端于 20 世纪 90 年代中期的安腾处理器。相对于当时流行的 IA32(Intel Architecture 32)系统,安腾是一种全新的 64 位系统,传统 BIOS 的限制使这种 64 位系统变得难以实现。1998 年 Intel 发起了 Intel Boot Initiate 项目,后来其更名为 EFI。2005 年,Intel 联手微软、AMD、联想等 11 家企业成立了 Unified EFI 论坛,负责制定统一的 EFI(UEFI)标准。第一个 UEFI 标准——UEFI 2.0 于 2006 年发布。

UEFI 提供给系统的接口包括启动服务(boot services)和运行时服务(runtime services)。

1. boot services

从操作系统加载器(OS loader)被加载执行 ExitBootServices()函数的这段时间是从 UEFI 环境向操作系统过渡的过程。这个过程被称为 TSL(transient system load,瞬态系统加载)。

在 TSL 阶段,系统资源由 Boot Service 管理,Boot Service 提供如下服务。

(1)事件服务:事件是异步操作的基础,有了对事件的支持,UEFI 系统才可以执行并发操作。

(2)内存管理:主要提供内存的分配与释放,管理系统内存映射。

(3)Protocol 管理:安装与卸载 Protocol 的服务,以及注册 Protocol 通知函数的服务。

(4)Protocol 使用类管理:打开关闭 Protocol,查找支持 Protocol 的控制器;例如要读写某个 PCI 设备的寄存器,可以通过 OpenProtocol 服务打开这个设备上的 PciIoProtocol,用 PciIo→Io.Read()服务可以读取这个设备上的寄存器。

(5) 驱动管理:包括将驱动安装到控制器的 connect 服务,以及将驱动从控制器上卸载的 disconnect 服务。例如,启动时需要网络支持,则可以通过 LoadImage 将驱动加载到内存,然后通过 connect 服务将驱动安装到设备。

(6) Image 管理:包括加载、卸载、启动和退出 UEFI 应用程序或驱动。

(7) ExitBootServices 服务:用以结束启动服务。

2. Runtime Service

(1) 时间服务:读取设定时间,读取设定系统从睡眠中唤醒的时间。

(2) 读写 UEFI 系统变量:读取设置系统变量,例如,BootOrder 用于指定启动顺序,通过这些系统变量可以保存系统配置。

(3) 虚拟内存服务:将物理地址转换为虚拟地址。

(4) 其他服务:包括启动系统的 ResetSystem。

UEFI 具有以下优点。

(1) 开发效率高:BIOS 开发一般采用汇编语言,代码多与硬件相关。而在 UEFI 中,绝大部分代码采用 C 语言编写,UEFI 应用程序和驱动甚至可以用 C++编写。UEFI 通过固件-操作系统接口为操作系统和操作系统加载器屏蔽了底层硬件细节,使 UEFI 上层应用可以方便地重用。

(2) 可扩展:UEFI 的可扩展性体现在两个方面,一方面是驱动的模块化设计;另一方面是软硬件升级的兼容性。大部分硬件的初始化由 UEFI 驱动实现,每个驱动是一个独立模块,可以被包含在固件中,也可以被放在设备上,运行时根据需要动态加载;UEFI 中每个表、每个 Protocol 都有版本号,这使系统的平滑升级变得简单。

(3) UEFI 系统性能高:相比传统的 BIOS,UEFI 系统性能有了很大提升,从启动到进入操作系统的时间大大缩短。性能提高首先源于 UEFI 提供了一步式操作,提高了 CPU 的利用率,减少了总的等待时间;其次,UEFI 舍弃了中断这种比较耗时的操作系统外部设备控制方式,仅保留了时钟中断,对外部设备的操作则采用"时间＋异步操作"完成;再次,系统采用可伸缩的遍历设备方式,启动时可以仅遍历启动所需要的设备,从而加速系统启动;最后,系统安全性提高了,这是 UEFI 的一个重要突破,当系统的安全启动设置被打开后,UEFI 在执行应用程序和驱动前会先检测程序和驱动的安全证书,仅当安全证书被信任时才会执行这个应用程序或驱动,而 UEFI 应用程序和驱动采用 PE/COFF 格式,其签名被放在签名块中。

(4) 支持容量更大的存储设备:传统的 BIOS 启动由于 MBR 的限制,默认是无法引导超过 2.1TB 以上的硬盘的。随着硬盘价格的不断走低,2.1TB 以上的硬盘早已普及,因此 UEFI 也是当前主流的启动方式。

第2章　计算机软件系统

2018 年 12 月 1 日，华为公司首席财务官孟晚舟在加拿大温哥华机场转机时被加拿大警方扣押，而后，美国政府以"孟晚舟欺骗汇丰银行"为借口要求引渡孟晚舟，事件的背后原因是美国政府认为华为的自主发展威胁到了美国科技霸权地位而无理打压具备 5G 芯片设计能力的华为公司。这是美国政府无理打压中国企业、妄图遏制中国高科技产业发展的又一例证。

近 40 年来，中国科技已从接受发达国家的技术红利逐渐转向自主研发、自主创新，不断向中国制造、中国智造方面转化，国产科技如雨后春笋般快速出圈，国货品牌飞速发展。华为作为中国优秀高科技企业，目前在 5G 技术的研发上领先于全球，让中国通信技术实现了"弯道超车"。

通过孟晚舟事件国人深刻意识到，不管是国家还是企业，只有坚定走自己的科技创新之路，不断突破核心技术，实现高水平科技的自立自强才能不受制于人，才能在激烈的国际竞争环境中得以生存。

通过对本章的学习，读者作为计算机专业相关的一员应更加明确专业人才的培养目标，更加明确专业领域内工作岗位和工作内容的社会价值，自觉树立远大职业理想，将职业生涯、职业发展脉络与国家发展的历史进程紧密结合起来。

2.1　计算机软件的分类

计算机软件包括系统软件和应用软件两大部分，下面分别对它们进行介绍。

1. 系统软件

为了方便地使用计算机及其输入输出设备、充分发挥计算机系统的效率而围绕计算机系统本身开发的程序系统叫作系统软件。例如，人们使用的操作系统（包括 DOS、Windows、UNIX、Linux 等），编译器、数据库系统均属于系统软件。

2. 应用软件

应用软件是专门为了某种使用目的而编写的程序，多是面向某一特定问题或某一特定需要的。现在市面上的应用软件种类非常多，如文字处理软件、专用的财务软件、人事管理软件、计算机辅助设计软件、绘图软件等。应用软件的丰富与否、质量好坏，都直接影响计算机的应用范围与实际经济效益。

硬件和软件是相互依存的，硬件为软件提供了物质基础，也就是说软件离开了相应硬件的支持是无法发挥其作用的，有了软件的支持硬件也才有了用武之地。但是，并不是有了某种硬件就能运行所有的软件，也不是有了某个软件就能在所有的硬件上运行，使用软件和硬件还需要考虑二者的兼容性问题。

　　计算机的硬件和软件是相辅相成的,它们共同构成完整的计算机系统,缺一不可,没有软件的计算机等于一堆废铜烂铁,无任何作用;同样,没有硬件,软件也就如无源之水,犹如空中楼阁。它们只有相互配合,计算机才能正常运行。

2.2　操　作　系　统

　　操作系统(operating system,OS)是管理和控制计算机硬件与软件资源的计算机程序,是直接运行在"裸机"上的最基本的系统软件,任何其他软件都必须在操作系统的支持下才能运行。

2.2.1　操作系统的功能

　　操作系统是用户和计算机的接口,同时也是计算机硬件和其他软件的接口。

　　操作系统的主要功能是管理资源、控制程序和提供人机交互等。计算机系统的资源可分为设备资源和信息资源两大类。设备资源指的是组成计算机的硬件设备,如中央处理器、主存储器、磁盘存储器、打印机、磁带存储器、显示器、键盘和鼠标等。信息资源指的是存放于计算机内的各种数据,如文件、程序库、知识库、系统软件和应用软件等。

　　操作系统位于底层硬件与用户之间,是二者沟通的桥梁。用户可以通过操作系统的用户界面输入命令,操作系统则对命令进行解释,驱动硬件设备以实现用户要求。就现代观点而言,一个标准个人计算机的操作系统应该提供以下功能。

- 进程管理(processing management)。
- 内存管理(memory management)。
- 文件系统(file system)。
- 网络通信(networking)。
- 安全机制(security)。
- 用户界面(user interface)。
- 驱动程序(device drivers)。

2.2.2　操作系统的分类

　　操作系统的种类相当多,各种设备安装的操作系统可从简单到复杂,可分为智能卡操作系统、实时操作系统、传感器结点操作系统、嵌入式操作系统、个人计算机操作系统、多处理器操作系统、网络操作系统和大型机操作系统等。

　　1. 按应用领域分类

　　按照应用领域,操作系统可分为桌面操作系统、服务器操作系统和嵌入式操作系统。

　　2. 按所支持用户数分类

　　按照所支持的用户数,操作系统可分为单用户操作系统(如 MSDOS、OS/2、Windows

ax)、多用户操作系统(如 Windows NT、UNIX、Linux)。

3. 按源代码开放程度分类

按照源代码的开放程度,操作系统可分为开源操作系统(如 Linux、FreeBSD)和闭源操作系统(如 macOS、Windows)。

我国一些重要的政府机关出于信息保密的需要,一直将 Linux 作为通用的计算机系统,这其中还有一段"红旗战微软"的传奇故事。

1969 年,美国贝尔实验室的研究员肯·汤普森(Ken Thompson)为了流畅运行自己开发的游戏,开发了 UNIX 操作系统。

UNIX 的源代码是封闭的,一般人无法获取。在荷兰任教的美国人安德鲁·S. 特南鲍姆(Andrew S. Tanenbaum)为了教学需要,模仿 UNIX 的操作自己又编写了一个操作系统 Minix,Minix 后来演变成了 Linux 操作系统。UNIX 是闭源系统,而 Linux 的源代码是开放的,后来的苹果 iOS 和安卓就是各自在 UNIX 和 Linux 系统的基础上演变而来。

由于 Linux 源代码是开放的,所以很多国家政府出于对 Windows 的安全顾虑,都尝试基于 Linux 开发政府办公的计算机系统,这其中就包括我国。

关于我国自主操作系统的开发,还要追溯至 20 世纪 90 年代,美国在海湾战争和科索沃战争中成功瘫痪了伊拉克军队和南联盟军队的防空系统。这让我国政府开始加紧国产计算机系统的研发。

2000 年,在工业和信息化部支持下,在中国科学院软件研究所主导下,中科院软件所和上海联创共同出资成立了中科红旗公司,公司的发展目标很明确,就是"挑战微软,做中国人自己的操作系统"。

这一年,公司研发的 Linux 系统被命名为"红旗 Linux"。

红旗 Linux 一经推出就迅速抢占市场。2001 年 4 月,IBM、惠普等计算机厂商开始在服务器产品中预装红旗 Linux;同年 7 月,红旗与多个 PC 厂商的预装协议超过 100 万套。

不过红旗 Linux 的主阵地还是政府机关、事业单位。2001 年 12 月,北京市政府要采购一批办公软件,微软公司自认为 Windows 必然是不二选择,甚至在竞标时抛出了霸王条款,要求北京市政府买 Windows 的同时必须购买 Office 办公软件。

面对微软公司的傲慢,北京市政府出人意料地选择了红旗 Linux,这让当时的微软公司高层震惊不已,他们这时才急着开展各种公关,想挽回败局,但为时已晚。

2003 年,中国邮政开始使用红旗 Linux,并从此开始了和中科红旗的长期合作,后来中国邮政有超过 1 万台服务器运行红旗 Linux 系统,覆盖 24 项核心业务。

2005 年,短短五年时间,红旗 Linux 已成为国内 Linux 系统市场份额最高的发行版。凭借低价和国字号背景,中科红旗的产品迅速在政府、邮政、教育、电信、金融等领域站稳脚跟。

然而,正当中科红旗发展强劲之时,一件让人意想不到的事发生了。

2014 年 2 月 10 日,中科红旗贴出清算公告,宣布公司正式解散,员工劳动合同终止,拖欠的工资无法发放。

对于中科红旗突然衰落的原因,各方众说纷纭。

公司大股东中科院软件所认为这是长期营收不足的结果,而中科红旗的员工则认为中科院软件所干预公司运营,承揽的项目让公司"偏离了做中国人自己的操作系统的初衷"。

《21 世纪经济报道》认为,"中科红旗是计划的产物,而不是市场的产物,政府采购的订单也是政府意志的结果",红旗 Linux 应用软件太少、无法吸引普通消费者是其失败的根本原因。

计算机操作系统的研发需要投入大量的资金、人力,如果产品只局限于政府采购的小市场,有限的盈利显然无法支撑庞大的研发投入,而且用户反馈不足也不利于计算机系统的完善。

2014 年,大连五甲计算机系统研发公司收购中科红旗,红旗 Linux 得以续命。

2019 年,负责红旗 Linux 运营和市场推广的中科红旗信息科技公司成立,同年还推出了拥有微信、WPS 等重要应用的红旗 Linux 10 发行版,展现出强势回归的姿态。

近年来,我国的国产操作系统逐渐普及,但在一些核心技术上尚待突破。

2022 年 6 月,由国家工业信息安全发展研究中心等单位联合成立的桌面操作系统开发者平台"开放麒麟"正式发布,"开放麒麟"开发者平台将通过开放操作系统源代码的方式让更多的开发者共同参与国产开源操作系统的开发。"开放麒麟"的出现将进一步推动国产操作系统的创新发展对于国产操作系统的创新发展意义重大。

4. 按硬件结构分类

按照硬件的结构,操作系统可分为网络操作系统(NetWare、Windows NT、OS/2 Wrap)、多媒体操作系统(Amiga)和分布式操作系统等。

5. 按操作系统环境分类

按照操作系统的环境,操作系统可分为批处理操作系统(如 MVX、DOS/VSE)、分时操作系统(如 Linux、UNIX、XENIX、macOS)和实时操作系统(如 iEMX、VRTX、RTOS、RT Windows)。

6. 按存储器寻址宽度分类

按照存储器的寻址宽度,操作系统可以分为 8 位、16 位、32 位、64 位、128 位的操作系统。早期的操作系统一般只支持 8 位和 16 位存储器寻址宽度,现代的操作系统如 Linux 和 Windows 都支持 32 位和 64 位平台。

第3章 Linux 操作系统概述

2019年5月16日,美国总统特朗普签署了行政命令,华为被美国商务部工业与安全局(BIS)列入"实体名单",禁止华为在未经美国政府批准的情况下从美国企业获得元器件和相关技术。

2019年5月20日,美国公司谷歌宣布遵守美国禁令暂停支持华为部分业务。

随后,美国公司英特尔、高通等芯片制造商也宣布停止对华为供货,德国芯片厂商英飞凌也宣布暂停对华为供货。

2019年5月23日,英国两大主流通讯商宣布暂停销售华为手机。

在遭到美国的芯片制裁之后,中国的各大科技公司就开始在芯片自主研发上下功夫,其中突破最大的就是华为的鸿蒙系统。

华为鸿蒙系统(HUAWEI Harmony OS),是华为公司在2019年8月9日于东莞举行的华为开发者大会(HDC.2019)上正式发布的操作系统。HarmonyOS,意为"和谐",是在操作系统被谷歌的 Android 系统和苹果的 iOS 系统两大巨头垄断的格局下,华为自主研发的操作系统,可以称得上是"开天辟地",无论是对华为,还是对中国科技,都具有里程碑意义。

鸿蒙是一个面向场景的智能操作系统。该系统基于 Linux 内核,又在 Linux 之上做很多操作,例如驱动开发和应用开发,这样才能让用户能够正常地操作。鸿蒙的 LiteOS 是对标 Linux 的,值得注意的是 LiteOS 和 Linux 都是宏内核,在鸿蒙的整个框架中内核只是占比较小的一部分,而内核里还分了两个内核子系统,Linux 和 LiteOS。因此,内核对于鸿蒙就像心脏对于人体,非常重要但占比很小。

随着 IT 技术的发展,特别是大数据、云计算等网络应用的迅速推进,Linux 操作系统在网络应用方面所占的比例和所起的作用日益增大。Linux 操作系统凭借其开源、高效、安全、廉价等特点备受各 IT 企业和工程师的青睐。

3.1 Linux 简介

Linux 操作系统从1991年诞生至今,在仅仅30多年的时间里,在全世界众多计算机工程师和爱好者大力支持下,其市场占有率不断扩大,显示了强大的生命力。本节主要介绍什么是 Linux、它产生的背景等。

3.1.1 什么是 Linux

Linux,音标 ['liːnəks],是和 UNIX、Windows 类似的用于管理和控制计算机软件、硬件资源的操作系统软件,即 Linux 操作系统(本书中简称 Linux)。作为操作系统类的系统软件,Linux 为用户提供了一个良好的工作环境,为其他的应用软件提供必要的服务和接口。但和 Windows 不同,Linux 是性能和 UNIX 接近的类 UNIX 操作系统。

Linux 操作系统稳定、高效、安全、开源,并具有丰富的网络功能,越来越多的企事业机构采用 Linux 部署其服务器和关键网络应用。近年来,Linux 逐步完善其图形界面,丰富相关的桌面应用程序,得到了部分桌面用户的认可,在桌面应用领域所占的比例也逐渐增加。

3.1.2 Linux 的产生

Linux 是随着 UNIX、C 语言及 GNU/GPL 协议的产生、发展而出现的,是完全模拟 UNIX 功能的开源操作系统。

早在 20 世纪 70 年代微型计算机出现之前,计算机以大、中、小型机和工作站为主,不同计算机的硬件架构(特别是 CPU)的差别较大,不同计算机上运行的操作系统互不兼容,大多以 UNIX 不同的发行版为主。

1. UNICS 系统

为了使更多用户共享同一台大型计算机的资源,在 1965 年前后,美国的贝尔实验室、麻省理工学院(MIT)及通用电器公司(GE)共同发起 Multics 项目,目的是研发一套能够让大型计算机同时提供 300 个以上终端连接的分时操作系统。但到 1969 年,因进度缓慢、资金缺乏等原因,贝尔实验室退出了该项目,这为 UNIX 系统的产生提供了契机。

1969 年,参与 Multics 项目的贝尔实验室的肯·汤普森在 DEC 公司 PDP-7 计算机系统上用汇编语言开发了一组操作系统内核程序和一个小型的文件系统,简化了复杂庞大的 Multics 项目,构成了 UNIX 系统的原型。该系统在贝尔实验室内部广为流传,被称为 UNICS(uniplexed information and computing system,单工信息及计算系统)。

2. C 语言出现

由于汇编语言是和计算机硬件相匹配的低级语言,由其开发的程序可移植性并不好,要安装到不同的计算机上时往往需要重新编写。

1969 年,在肯·汤普森和丹尼斯·里奇(Dennis Ritchie)的支持下以 BCPL 语言为基础设计出简单且很接近硬件的通用高级程序设计语言 B 语言。但是由 B 语言编译出来的内核并不太理想。

1972 年,丹尼斯·里奇以 B 语言为基础开发了 C 语言——目前世界上最常用的高级程序语言之一。C 语言显现了强大的可移植性(portability),故使 B 语言几乎遭弃置。图 3-1 为丹尼斯·里奇与肯·汤普森合作场景。

3. UNIX 正式版

1973 年年初,C 语言的主体完成。肯·汤普森(如图 3-2 所示)和丹尼斯·里奇(如图 3-3 所示)迫不及待地开始用 C 语言完全重写了 UNICS,UNIX 正式诞生。用 C 语言改写的 UNIX 可被方便地移植到其他类型的计算机上使用。

図3-1 丹尼斯・里奇（站立者）与肯・汤普森于1972年在一台PDP-12前合影

图3-2 肯・汤普森

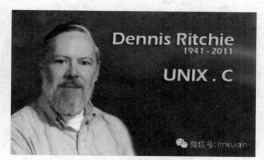

图3-3 丹尼斯・里奇

随着UNIX的发展，C语言自身也在不断地完善。直到今天，各种版本的UNIX内核和周边工具仍然以C语言作为最主要的开发语言。

隶属于美国电话电报公司（AT&T Inc.，American Telephone & Telegraph）的贝尔实验室对UNIX采取开放态度，美国加州大学伯克利（Berkeley）分校的比尔・乔伊（Bill Joy）对取得的UNIX内核的源代码进行修改移植，并增加了许多工具和编译程序，之后形成了UNIX的重要分支——BSD（Berkeley Software Distribution），原来AT&T的UNIX被定义为System V架构。这两个UNIX分支被认为是目前最纯净的UNIX。因不同公司硬件架构不同，UNIX移植后形成了300多种UNIX版本，主要的UNIX分支如表3-1所示。

表3-1 主要UNIX分支

版　本	历史由来	架　构
AIX	IBM公司发行的UNIX	采用PowerPC为内核芯片
HP-UX（HP）	旧系统是从S Ⅲ（SVRx）发展而来，由HP公司开发	采用RA-RISC为内核芯片
Solaris	Sun Microsystems公司研发的计算机操作系统，被认为是UNIX操作系统的衍生版本之一	采用SPARC为内核芯片

版　本	历史由来	架　构
IRIX	由硅谷图形公司(Silicon Graphics Inc,SGI)以 System V 与 BSD 衍生程序为基础所发展成的 UNIX 操作系统	IRIX 可以在 SGI 公司的 RISC 型计算机上运行,即是并行 32 位、64 位 MIPS 架构的 SGI 工作站、服务器
DIGITAL UNIX	由数字设备公司(DEC)研发	采用 Alpha 内核芯片
Linux 和 BSD	由多家公司分别研发各自的发行版本	采用 IA 为内核芯片

1979 年,AT&T 出于商业考虑,在 System V 第 7 版中严格执行"不可对学生提供源码"的策略,这导致 Minix 系统出现。

4. Minix——x86 架构的 UNIX

为了摆脱 UNIX 版权限制,荷兰阿姆斯特丹自由大学安得鲁•S. 特南鲍姆教授为了讲授计算机操作系统课程,从 1984 年开始开发与 UNIX 完全兼容的、可以在 x86 架构上运行 Minix(Mini UNIX)操作系统内核,并于 1986 年完成。

Minix 不是完全免费的,须通过磁盘/磁带以很便宜的价格购买,不能通过网络直接下载。因 Minix 主要用于教学,系统更新和改善的需求并不强,这促使 Linux 操作系统出现。

5. GNU 与 GPL 协议

生于 1953 年美国纽约曼哈顿地区的理查德•马修•斯托曼(Richard Matthew Stallman),1971 年进入哈佛大学学习,同年受聘于麻省理工学院人工智能实验室(AI Laboratory)成为一名职业黑客。那时黑客圈所关注的是软件的"分享",并没有专利方面的困扰。然而进入 20 世纪 80 年代后,黑客社群在软件工业商业化的强大压力下试图以专利软件来取代实验室中黑客文化的产物——免费可自由流通的软件。

斯托曼对此感到气愤与无奈。于是他在 1985 年发表了著名的 GNU 宣言(GNU not UNIX),开发出一套完全自由免费、兼容 UNIX 的操作系统 GNU/UNIX 系统。之后斯托曼以其开发的优秀编辑器 Emacs 为基础建立了自由软件基金会(Free Software Foundation,FSF)以协助该计划推进。

1989 年斯托曼与一些律师共同起草了被广为使用的 GNU 通用公共协议证书(GNU General Public License,GNUGPL),创造性地提出了"反版权"(或"版权属左",或"开权",copyleft,与 copyright 相对)的概念。同时,GNU 计划中除了最关键的 Hurd 操作系统内核之外,其他绝大多数外围软件已经完成,特别是利用 C 语言编译程序 GCC(GNU C complier)为 GNU 组织开发的自由软件提高可移植性,推动了 GNU 软件的应用及推广,如图 3-4 所示。

GPL 协议软件的主要特点如下。

(1) 开源(open source)。用户可取得软件的源码。

(2) 免费(free)。用户可以免费地复制和使用软件。

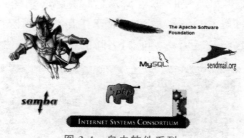

图 3-4　自由软件系列

（3）共享（share）。用户可以修改优化程序并将修改代码公开。

6. Linux 内核

在斯托曼推进的、遵循 GPL 协议的系统开发过程中，作为操作系统核心的内核程序 Hurd 却迟迟未能发布，其他的外围程序的开发过程是基于 UNIX 内核的。

当时还是芬兰赫尔辛基大学计算机科学系学生的李纳斯·托瓦兹（Linus Torvalds）使用学校 16 个终端的 UNIX 主机，在排队等待时萌生自己开发一款类 UNIX 操作系统的想法。托瓦兹以特南鲍姆教授的 Minix 为参照学习操作系统内核设计的理念，并将其安装到 Intel 386 架构微型计算机中，成功测试了 386 系统的多任务（multi-tasking）性能。因特南鲍姆教授没有对 Minix 改进的意愿，托瓦兹便围绕优化 386 微型计算机性能为目标在 GNU 提供的 GCC 编译器和 Bash 接口程序支持下改写其内核源代码，使之与 386 微型计算机紧密结合在一起，最终编写了第一个可在微型计算机上运行的操作系统内核程序以及可读取 Minix 的文件系统。

为了得到更多人的意见，托瓦兹将其开发的内核源代码上传到新闻组的 FTP（file transfer protocol）服务器中一个名为 Linux 的目录中供大家下载，从此大家称托瓦兹的内核为 Linux。

为了能够与 UNIX 兼容，托瓦兹开发时参考了 POSIX（portable operating system interface UNIX，可移植操作系统接口）规范，确保了 Linux 系统内核起步时就有良好的可移植性。

托瓦兹因为成功地开发了 Linux 操作系统内核而荣获 2014 年计算机先驱奖。他的获奖创造了计算机先驱奖历史上的多个第一：第一次授予一位芬兰人，第一次授予一位"60 后"（其实只差 3 天就是"70 后"），获奖成果是在学生时期取得的。

POSIX 是可移植的操作系统接口，该接口定义了操作系统应该为应用程序提供的接口标准，是 IEEE（the Institute of Electrical and Electronic Engineers，电气电子工程师学会）为要在各种 UNIX 操作系统上运行的软件而定义的一系列 API（application programming interface，应用程序接口）标准的总称。POSIX 标准旨在期望获得源代码级别的软件可移植性。换句话说，为一个 POSIX 兼容的操作系统编写的程序应该可以在任何其他的 POSIX 操作系统（即使是来自另一个厂商）上编译执行。

1992 年,特南鲍姆和托瓦兹(如图 3-5 所示)在 Usenet 新闻组中展开了关于微内核和宏内核、控制和开放等话题的讨论,特南鲍姆批评托瓦兹采用宏内核的设计是过时的,托瓦兹给予了反击。但这场辩论没有影响他们之间的个人关系,他们目前关系还是融洽的。

图 3-5　托瓦兹(左)和特南鲍姆(右)

3.2　Linux 的构成及发行版

Linux 的诞生过程使人们认识到托瓦兹所开发的 Linux 内核并不是 Linux 操作系统的全部。一个操作系统除了内核外,还应该包括外围接口程序和相关工具软件,这样才能为用户提供一个完整平台。

3.2.1　Linux 的构成

Linux 操作系统的完整定义应该为 GNU/Linux。其中 Linux 侧重操作系统的内核部分,主要由 Linus 负责升级与维护(http://www.kernel.org);GNU 侧重操作系统的外围部分,由 Stallman 团队负责开发与维护(http://www.gnu.org)。

Linux 系统主要由 4 部分构成,即 kernel(内核)、shell、file system(文件系统)以及 users applications(用户应用程序)。其中 kernel、shell、file system 构成了基本的操作系统结构,它使人们可以运行程序、管理文件并使用系统,具体如图 3-6 所示。

1. Linux 内核

Linux 内核(kernel)是 Linux 操作系统的核心,用于实现操作系统的基本功能。例如,在硬件方面驱动硬件设备(学习驱动主要是调用内核提供的接口以实现对内核的驱动)、管理内存、提供硬件接口、管理输入/输出(I/O);在软件方面管理文件系统、为程序分配内存和 CPU 时间。

2. shell

shell 即命令解除程序,是操作系统的用户界面,也是用户和内核进行交互的接口,更是一个解释器,用于解释用户输入的命令并将其送入内核运行。

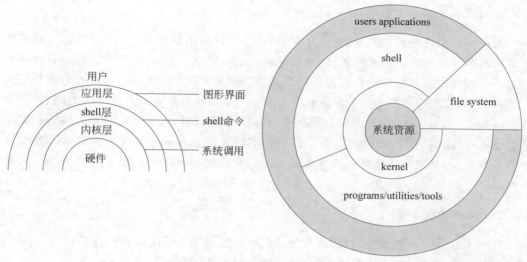

图 3-6　Linux 的系统构成

目前主流的 shell 主要有 bourne shell(sh)、bourne-again shell(bash)、korn shell
(ksh)、C shell(csh)。

注：bourne shell,或 sh,是 Version 7 UNIX 默认的 UNIX shell,替代执行文件同为
sh 的 Thompson shell。它由 AT&T 贝尔实验室的史蒂夫·伯恩于 1977 年在 Version 7
UNIX 中针对大学与学院发布。它的二进制程序文件在大多数 UNIX 系统上位于/bin/sh
目录,在很多 UNIX 版本中,它仍然是 root 的默认 shell。

3. 文件系统(file system)

文件系统是文件存放在磁盘等存储设备上的组织方法,Linux 采用的是树形目录结
构,以/为根目录,按照目录分层组织文件,但 Linux 同时也支持目前大多数主流文件 系
统,如 FAT32、VFAT、ext2、ext3、ext4、ISO 9660 等。

从用户角度看,Linux 系统由用户空间和内核空间两部分组成。

内核空间与用户空间是程序执行的两种不同状态,通过系统调用和硬件中断能够完
成从用户空间到内核空间的转移。

(1) 内核空间主要分为 system call interface(系统调用接口)、kernel(内核)、
architecture dependent kernel code(架构体系内核代码)。

(2) 用户空间主要分为 user applications(用户应用程序)和 GNU C library(glibc 即
C 运行库)。

3.2.2　Linux 的发行版

从 Linux 诞生到现在,不同的国家、不同应用领域的用户在使用不同的 Linux,如
Red Hat、Ubuntu、CentOS(community enterprise operating system,社区企业操作系统)
等,这些都是 Linux 的发行版。

1. 什么是 Linux 发行版

根据操作系统的构成,Linux 是由遵循 GPL 协议的内核程序、外围接口程序和相关工具软件程序构成的复杂系统软件,这些软件一般以源代码形式由不同的组织和负责人维护。当用户要安装使用这些以源代码形式发布的软件时,需要将之编译成二进制可执行文件,这需要用户具有一定的计算机专业知识,故不利于普通用户使用。为此,许多商业公司如 Red Hat 和非营利社区团体将 Linux 操作系统涉及的内核、外围软件等相关文件整合在一起,附加自己的工具软件,按照特定的软件包管理形式通过光盘、U 盘、网络等方式发布,这种发布的软件包被称为 Linux 的发行版(distribution),其可方便用户安装和使用。

2. Linux 的版本号

虽然 Linux 有不同的发行版,但各种发行版都是基于 Linux 内核的。所以,Linux 的版本号有发行版本号和内核版本号两种描述方式,且二者是相互独立的。

1) 内核版本号

常见发行版内核版本号形式如下。

```
2.6.18-128.el5-x86_64
```

其中:

(1) 第一组数字 2 指主版本号;第二组数字 6 指次版本号;第三组数字 18 指修订版本号;第四组数字 128 表示这个当前版本的微调补丁(patch)。

(2) el5 表示版本特殊描述标识信息,由内核在编译时指定,不同的发行版有所不同,具有较大的随机性。常用的描述标识如下。

① rc(有时也用一个字母 r):表示候选版本(release candidate),rc 后的数字表示该正式版本的候选版本序号,多数情况下,各候选版本之间数字越大越接近正式版。

② smp:表示对称多处理器(symmetric multi processing)。

③ pp:在 Red Hat Linux 中常用来表示测试版本(pre-patch)。

④ EL:在 Red Hat Linux 中用来表示企业版 Linux(enterprise linux)。

⑤ mm:表示专门用来测试新的技术或新功能的版本。

⑥ fc:在 Red Hat Linux 中表示 Fedora core。

(3) x86_64 指 CPU 的字长。目前,CPU 按字长主要分为 32 位与 64 位,其中 32 位又可以分为 i386、i586、i686,而 64 的 CPU 则称为 x86_64。

Linux 内核版本在不同的时期有其不同的命名规范,人们熟悉的也许是 2.x 版本,奇数表示开发版、偶数表示稳定版,但到 2.6.x 以及 3.x 甚至目前的 4.x,内核版本命名都并未遵守这样的约定,目前,最新内核的版本号是 6.x,如图 3-7 所示。

图 3-7　稳定的 6.5 内核

2）发行版版本号

不同的发行版版本号由发行商根据其发行 Linux 频率确定,一般变化比内核快。如 Fedora 目前发行版为 Fedora 21,采用最新的内核是 3.16.0-300。

3）查看机器使用的 Linux 版本号

人们可以安装不同的 Linux 发行版,若查看一个发行版使用的内核版本号可以使用如下命令。

```
[root@archlab-server2 ~]#cat /etc/issue          '发行版版本
CentOS release 6.4(Final)
[root@archlab-server2 ~]#uname - r               '内核版本
2.6.32-358.6.1.el6.i686
```

3. 主流 Linux 发行版

Linux 的发行版本可以大体分为两类,一类是商业公司维护的;另一类是社区组织维护的,前者以著名的 Red Hat(RHEL)为代表,后者以 Debian 为代表,如图 3-8 所示。

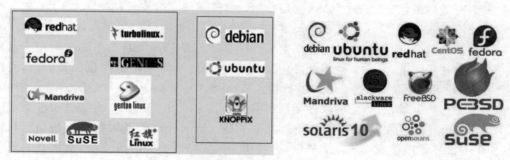

图 3-8　Linux 发行版本

根据不同的软件包管理方式,Linux 发行版包括以下系列。

1）Red Hat 系列

Red Hat 系列包括 RHEL(Red Hat Enterprise Linux,也就是所谓的 Red Hat Advance Server,收费版本)、Fedora Core(由原来的 Red Hat 桌面版本发展而来,免费版本,由 REDHAT 资助,为 RHEL 提供测试)、CentOS(RHEL 的社区克隆版本,可免费升级)。Red Hat 是在中国使用人群最多的 Linux 版本,甚至有人将 Red Hat 等同于 Linux。Red Hat 系列的包管理采用的是基于 RPM(RadHat package manager)包和 YUM(yellow dog updater madified)包的方式,包分发的是编译好的二进制文件。稳定性方面,RHEL 和 CentOS 的稳定性非常好,适合服务器使用,但是 Fedora Core 的稳定性较差,最好只用于桌面应用。

2）Debian 系列

Debian 系列包括 Debian 和 Ubuntu 等,是社区类 Linux 的典范,也是迄今为止最遵循 GNU 规范的 Linux 系统。Debian 最具特色的是 apt-get/dpkg(advanced package tool/Debian packager)包管理方式,Red Hat 的 YUM 也是在模仿 Debian 的 APT 方式,

在二进制文件发行方式中,APT 应该是较为优秀的。Ubuntu,严格来说不能算一个独立的发行版本,是基于 Debian 的 unstable 版本加强而来。Ubuntu 是一个拥有 Debian 所有的优点且具自身优势的近乎完美的 Linux 桌面系统。根据选择的桌面系统不同,Ubuntu 有 3 个版本可供选择,即基于 Gnome 的 Ubuntu,基于 KDE 的 Kubuntu 以及基于 XFC 的 Xubuntu。Ubuntu 的特点是界面非常友好,对硬件的支持非常全面,是最适合做桌面系统的 Linux 发行版。

3) Gentoo

Gentoo 是 Linux 世界最年轻的发行版本之一,正因为年轻,所以它能吸取在它之前的所有发行版本的优点,这也是 Gentoo 被称为“最完美的”Linux 发行版本的原因之一。由于开发者对 FreeBSD 的熟识,所以 Gentoo 拥有媲美 FreeBSD 的、广受美誉的 ports 系统——Portage 包管理系统。不同于 APT 和 YUM 等二进制文件分发的包管理系统,Portage 是基于源代码分发的,其分发的软件必须编译后才能运行,对于大型软件而言比较慢,不过正因为所有软件都是在本地机器编译的,在经过各种定制的编译参数优化后,其能将机器的硬件性能发挥到极致。Gentoo 是所有 Linux 发行版本里安装最复杂的,但又是安装完成后最便于管理的版本,也是在相同硬件环境下效率较高的版本。

4) FreeBSD

需要强调的是,FreeBSD 并不是一个 Linux 系统。但 FreeBSD 与 Linux 的用户群有相当一部分是重合的,二者支持的硬件环境也比较一致,所采用的软件也比较类似,所以笔者将 FreeBSD 视为一个类 Linux 发行版。FreeBSD 采用 Ports 包管理系统,与 Gentoo 类似基于源代码分发,其分发的软件必须在本地机器编译后才能运行,但是 Ports 系统没有 Portage 系统使用简便,使用起来稍微复杂一些。FreeBSD 的最大特点就是稳定和高效,是作为服务器操作系统的较佳选择,但对硬件的支持没有 Linux 完备,所以并不适合作为桌面系统。

目前市场使用的主流 Linux 操作系统发行版如下。

1) Android

Android 是一种以 Linux 内核为基础的操作系统,主要被用于便携设备,如手机、平板计算机,由 Andy Rubin 开发,2005 年由 Google 收购注资,正在和 Apple 的 IOS 争夺市场份额,2022 年在美国智能手机市场份额超过 50%。

主页:http://www.android.com/。

2) Chrome OS

Google Chrome OS 也是一款基于 Linux 内核的云操作系统,其一切的操作与数据储存皆以云服务器为主,秉承了 Chrome 浏览器快速、简洁、安全的特性,初期定位于上网本计算机、紧凑型以及低成本计算机。

主页:http://www.chromeos.dev/。

3) CrunchBang

CrunchBang Linux 是一个基于 Debian 的发行版,其特色在于轻量级的 Openbox 窗口管理器和 GTK+应用程序。

主页:http://crunchbanglinux.org/。

4）Lubuntu

Lubuntu 是 Ubuntu 快速、轻量级且节省能源的变体，它使用 LXDE（Lightweight X11 Desktop Environment）桌面，旨在面向低资源配置系统，并被主要设计用于上网本、移动设备和老旧个人计算机。

主页：http://lubuntu.net/。

5）CentOS

CentOS 是 Red Hat Enterprise Linux 的社区版本，允许用户免费使用，主要用于服务器。

主页：http://www.centos.org/。

6）Linux Mint

Linux Mint 是一个基于 Ubuntu 的发行版，其目标是提供更完整意义上的、即刻可用的体验，目前 distrowatch 排名第一。其主版本使用 Gnome 桌面，很多不喜欢 Ubuntu Unity 桌面的用户都转到了 Linux Mint。

主页：http://linuxmint.com/。

7）Fedora

Fedora 基于 Red Hat Linux，是由 Red Hat 公司赞助、由 Fedora Project 社区开发维护的一个开放的、创新的、前瞻性的 Linux 发行版，目前使用 Gnome 3 桌面。

主页：http://fedoraproject.org/。

8）openSUSE

openSUSE 项目起初是由 Novell 公司资助的开源 Linux 项目，使用 KDE 桌面和易用的 YaST 软件包管理系统，被评价为是"最华丽的 Linux 桌面发行版"。

主页：http://www.opensuse.org/。

9）Debian

Debian 计划是由以创造一份自由操作系统为共同目标的个人团体所组建的协会发起的。这份操作系统就被叫作 Debian GNU/Linux，简称为 Debian。

Debian 是一个古老的 Linux 发行版，以稳定性而著称，有许多运行多年而无须重启的服务器案例。

主页：http://www.debian.org/。

10）Oracle Linux

Oracle Linux 是由 Oracle 公司提供支持的企业级 Linux 发行版，以 Red Hat Linux 作为起始，移除了 Red Hat 的商标，然后加入了部分定制的 Linux 功能。

主页：http://www.oracle.com/technologies/linux/。

4. 国产 Linux 发行版

从 2014 年 4 月 8 日起，美国微软公司停止了对 Windows XP 操作系统提供服务支持，这引起了社会和广大用户的广泛关注和对信息安全的担忧。工信部对此表示，将继续加大力度支持 Linux 国产发行版的研发和应用，如图 3-9 所示。

国产操作系统多为基于 Linux 的发行版。

图 3-9　国内发行版

1)深度 Linux(Deepin Linux)

深度 Linux 是一个致力于为全球用户提供美观易用,安全可靠体验的 Linux 发行版。它不仅对最优秀的开源产品进行集成和配置,还开发了基于 HTML5 技术的全新桌面环境、系统设置中心以及音乐播放器、视频播放器、软件中心等一系列面向日常使用的应用软件。Deepin 非常注重易用的体验和美观的设计,因此对于大多数用户来说,它易于安装和使用,还能够很好地代替 Windows 系统进行工作与娱乐。

2)红旗 Linux

红旗 Linux 是由北京中科红旗软件技术有限公司开发的一系列 Linux 发行版,其包括桌面版、工作站版、数据中心服务器版、HA 集群版和红旗嵌入式 Linux 等产品。

3)银河麒麟

银河麒麟是由国防科技大学、中软公司、联想公司、浪潮集团和民族恒星公司合作研制的闭源服务器操作系统。此操作系统是 863 计划重大攻关科研项目,目标是打破国外操作系统的垄断,研发一套中国自主知识产权的服务器操作系统。银河麒麟完全版共包括实时版、安全版、服务器版 3 个版本,简化版是基于服务器版简化而成的。

4)中标麒麟 Linux(原中标普华 Linux)

中标麒麟 Linux 桌面软件是上海中标软件有限公司发布的、面向桌面应用的操作系统产品。

5)起点操作系统 StartOS(原雨林木风操作系统 YLMF OS)

StartOS——是由广东爱瓦力科技股份有限公司发行的开源操作系统,其前身是由广东雨林木风计算机科技有限公司 YLMF OS 开发组所研发的 YLMF OS,符合国人的使用习惯,预装常用的精品软件,操作系统具有运行速度快、安全稳定、界面美观、操作简洁明快等特点。

6)凝思磐石安全操作系统

凝思磐石安全操作系统是由北京凝思科技有限公司开发,凝思磐石安全操作系统遵循国内外安全操作系统 GB 17859、GB/T 18336、GJB 4936、GJB 4937、GB/T 20272、POSIX、凝思磐石安全操作系统 TCSEC、ISO 15408 等标准设计和实现。

3.3　Linux 的发展及应用

作为一款类 UNIX 操作系统,Linux 从诞生到现在经历了 30 多年的发展,凭借其优良的架构和稳定的性能、遵循着广受软件工程师喜爱的 GPL 发布模式,显示出了强大的生命力,迅速地被应用到了许多领域中并得到不断发展。

3.3.1　Linux 的发展

Linux 各版本内核下载网址为 https://www.Kernel.org/pub/。Linux 的发展简史如下。

1. 1991 年

9 月 1 日：Linux v0.01 发布。

2. 1992 年

1 月 5 日：Linux v0.12 release 版本的内核重新以 GUN GPL 协议发布。托瓦兹对这次许可证的更改说了这样一句话：Making Linux GPL'd was definitely the best thing I ever did.（让 Linux 遵守 GPL 绝对是我干过的最正确的事）。

4 月 5 日：第一个 Linux 新闻组 comp.os.linux 由阿里·莱姆克（Ari Lemmke）提议并开通。

5 月 21 日：彼得·麦克唐纳（Peter MacDonald）发布第一个独立的 Linux 安装包 SLS(softlanding Linux system)，其可以通过软盘安装，包括比较前沿的 TCP-IP 网络支持和 X-Window 系统。这是 Linux 的第一个发行版。

3. 1993 年

6 月 17 日：Slackware Linux 由帕特里克·沃尔克丁（Patrick Volkerding）发布。Slackware Linux 被认为是第一个取得广泛成功的 Linux 发行版，而且它现在还在持续更新。

8 月 16 日：伊恩·默多克（Ian Murdock）（Debian 中的"ian"）发布了第一个 Debian Linux 的发行版。Debian Linux 是最有影响力的 Linux 发行版之一，是 MEPIS、Mint、Ubuntu 和很多其他发行版的鼻祖。

4. 1994 年

3 月 14 日：Linux 内核 v1.0 发布。它支持基于 i386 单处理器的计算机系统。这 3 年来，Linux 内核代码库已经增长到了 176 250 行代码。

11 月 3 日：Red Hat 公司的共同创始人马克·尤因（Marc Ewing）宣布可以 49.95 美元的零售价格获得 Red Hat Software Linux 的 CD-ROM 和 30 天的安装支持。2012 年，Red Hat 公司成为第一家市值达 10 亿美元的开源软件开发企业。

5. 1996 年

5 月 9 日：最初由艾伦·考克斯（Alan Cox）提议，之后又经托瓦兹改良，拉里·尤因（Larry Ewing）在 1996 年创造了现在看到的这只叫作 Tux 的吉祥物，如图 3-10 所示。选定企鹅作为 Linux 吉祥物的主意来自托瓦兹，他说自己被一只企鹅轻

图 3-10　Tux

轻地咬了一口之后就具有了企鹅的特征。另外一种说法是：企鹅是南极洲的标志性动物，根据国际公约，南极洲为全人类共同所有，不属于当今世界上的任何国家。托瓦兹选择企鹅图案作标志也是表明：开源的 Linux 为全人类共同所有，任何企业无权将其私有化。

6 月 9 日：Linux 内核 v2.0 发布。相比更早的版本，这是一次意义重大的更新，是第一个在单系统中支持多处理器的稳定内核版本，其也支持更多的处理器类型。Linux 从此以后成了很多公司郑重选择的对象。

10 月 14 日：马蒂亚斯·埃特里奇（Mattias Ettrich）发起了 KDE 桌面项目，因为他深受 UNIX 桌面系统下应用程序交互界面不一致的困扰。

6. 1998 年

5 月 1 日：Google 搜索引擎面世，它不仅仅是世界上最好的搜索引擎之一，更是基于 Linux 的，它的特征是有一个 Linux 的搜索页面。

12 月 4 日：一份来自 IDC（International Data Corporation）公司的报告称：1998 年 Linux 的出货量至少上升了 200%，市场占有率上升至少 150%，达到了 17%，并且以其他任何操作系统无法企及的速度增长着。

7. 1999 年

3 月 3 日：另一个颇具影响力的桌面系统加入了 Linux 阵营，这就是 GNOME 桌面系统。在很多主要的 Linux 发行版如 Debian、Fedora、Red Had Enterprise Linux 和 SUSE Linux Enterprise Desktop 中，GNOME 都是默认的桌面环境。

8. 2000 年

2 月 4 日：最新的 IDC 公司报告表明：Linux 现在排在"最受欢迎的服务器操作系统的第 2 位"，1999 年 Linux 服务器系统销售量占总量的 25%。

3 月 11 日：摩托罗拉公司宣布发行 HA Linux。这个发行版专注于通信应用领域，对系统不关机连续运行时间要求非常高。它还包括了热交换能力和支持 i386、PowerPC 架构。

3 月 23 日：爱立信公司公布了"Screen Phone HS210"，这是一款基于 Linux 系统的触屏手机，具备收发邮件和浏览网页等功能。爱立信公司和 Opera Software 公司同时宣布这款手机将会安装 Opera 的网页浏览器。

10 月 30 日：第一个 Linux live 发行版由 Linux 咨询顾问克劳斯·诺珀（Klaus Knopper）发布，名字叫作 Knoppix。

9. 2001 年

1 月 3 日：美国 NSA（美国国家安全局）以 GPL 许可证发布了 SELinux。SELinux 提供了标准 UNIX 权限管理系统以外的另一层安全检查。

10. 2004 年

10 月 20 日：Ubuntu Linux 以一个不同寻常的版本号 4.10 和怪异的版本代号 "Warty Warthog"(长满疙瘩的非洲疣猪)进入人们的生活。用这个版本号是因为发布日期是 2004 年 10 月。Ubuntu 的开发由 Cannonical Ltd 公司主导，公司的创始人是马克·沙特尔沃思(Mark Shuttleworth，不到 30 岁的亿万富翁)。Ubuntu 对于 Linux 在个人计算机和笔记本计算机桌面应用的普及起到了重要的推动。

11. 2007 年

8 月 8 日：Linux 基金会由开源发展实验室(Open Source Development Labs，OSDL)和自由标准组织(Free Standard Group，FSG)联合成立。这个基金会目的是赞助 Linux 创始人托瓦兹的工作。基金会得到了主要的 Linux 开源企业的支持，包括富士通、HP、IBM、Intel、NEC、Oracle、Qualcomm、三星和来自世界各地的开发者。

11 月 5 日：与之前人们推测的发布 Gphone 不同，Google 宣布组建开放手机联盟(Open Handset Alliance)并发布了 Android，而 Android 被称为"第一个真正开放的综合移动设备平台"。

12. 2009 年

1 月 29 日：纽约时报称"现在预计有超过 10 亿人在使用 Ubuntu Linux 系统"。

13. 2011 年

5 月 11 日：Google I/O 大会发布了 Chrombook。这是一款运行所谓云操作系统 Chrome OS 的笔记本计算机，Chome OS 是基于 Linux 内核的。

6 月 21 日：托瓦兹发布了 Linux v3.0 版本。

14. 2013 年

12 月 13 日：Valve 公司发布基于 Linux 的 SteamOS 操作系统，这是一个面向视频游戏的 Linux 发行版。

15. 2014 年

IDC 公司统计当年智能手机市场 Android 设备出货量为 10.59 亿部，同比增长 32%；市场份额为 81.5%，而 2013 年同期为 78.7%。

3.3.2　Linux 的应用

Linux 作为遵循 GPL 协议的开源软件，其继承了 UNIX 操作系统的优良特性，在企业环境得到了广泛的应用。特别地，因为 Linux 内核小巧、可定制，故其天生适用于低功耗、低配置的个人消费类电子产品。随着 Linux 桌面系统不断改善，加之基于 Linux 的桌面应用软件不断地被集成，未来 Linux 在桌面应用中所占的比例将有望逐渐地提升。

目前,Linux 主要应用于以下几个领域。

1. 网络服务

Linux 操作系统稳定、高效、集成了丰富的网络应用,故成为部署企业网络服务器的首选系统,这是 Linux 的主要应用,如 WEB 服务器(Apache)、FTP 服务器(Vsftpd)、DNS服务器(Bind)等均可在 Linux 系统上实现,如图 3-11 所示。

Site	http://www.qq.com	Netblock Owner	Akamai International, BV
Domain	qq.com	Nameserver	ns1.qq.com
IP address	23.212.109.82	DNS admin	webmaster@qq.com
IPv6 address	Not Present	Reverse DNS	a23-212-109-82.deploy.static.akamaitechnologies.com
Domain registrar	hichina.com	Nameserver organisation	grs-whois.hichina.com
Organisation	Shenzhen Tencent Computer Systems Company Limited, Shenzhen, 518057, CN	Hosting company	unknown
Top Level Domain	Commercial entities (.com)	DNS Security Extensions	unknown
Hosting country	▭ NL	Latest Performance	▭ Performance Graph

⊟ Hosting History

Netblock owner	IP address	OS	Web server	Last seen Refresh
Akamai International, BV Prins Bernhardplein 200 Amsterdam NL 1097 JB	173.222.210.122	Linux	squid/3.4.1	27-Feb-2015
Akamai Technologies	88.221.134.232	Linux	squid/3.4.1	25-Feb-2015
Akamai International, BV Prins Bernhardplein 200 Amsterdam NL 1097 JB	23.62.53.51	Linux	squid/3.4.1	24-Feb-2015
Akamai International, BV Prins Bernhardplein 200 Amsterdam NL 1097 JB	23.62.53.83	Linux	squid/3.4.1	23-Feb-2015
Akamai International, BV Prins Bernhardplein 200 Amsterdam NL 1097 JB	23.61.255.208	Linux	squid/3.4.1	22-Feb-2015
Akamai International, BV Prins Bernhardplein 200 Amsterdam NL 1097 JB	23.62.53.51	Linux	squid/3.4.1	21-Feb-2015
Akamai International, BV Prins Bernhardplein 200 Amsterdam NL 1097 JB	23.62.53.83	Linux	squid/3.4.1	20-Feb-2015
Akamai International, BV Prins Bernhardplein 200 Amsterdam NL 1097 JB	23.62.53.51	Linux	squid/3.4.1	20-Feb-2015
Akamai International, BV Prins Bernhardplein 200 Amsterdam NL 1097 JB	23.62.53.83	Linux	squid/3.4.1	19-Feb-2015
Akamai International, BV Prins Bernhardplein 200 Amsterdam NL 1097 JB	23.62.53.51	Linux	squid/3.4.1	18-Feb-2015

图 3-11   Linux 提供的网络服务

2. 关键企业应用

随着 CPU 性价比不断地提升,金融、电信等大型企业逐渐青睐与 Intel 兼容的主机环境,为了和原有的 UNIX 系统兼容,遵循 POSIX 标准的、类 UNIX 的 Linux 在如数据库等关键企业应用中逐渐崭露头角。

3. 高性能集群计算

Linux 系统集成了丰富的软件开发、编译工具,具有强大的并行处理能力,故其在高性能计算、负载均衡、计算机模拟与辅助设计等方面得到了广泛的应用,TOP 500 在 2014年11 月统计结果(http://www.top500.org/statistics/list/)如图 3-12 所示。

特别是近年来的云计算、大数据等业务方面,Linux 具有得天独厚的优势。

4. 嵌入式产品

因 Linux 内核小巧可定制,在一些如路由器、防火墙等网络产品中以及智能手机、PDA、智能电视,甚至汽车电子等消费类电子产品中,Linux 都有具体应用。

近年来,智能手机、平板计算机等产品大量投放市场,其中被广泛采用的 Android 系

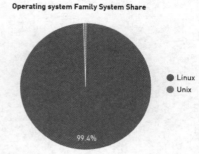

图 3-12　高性能集群计算应用

统就是基于 Linux 内核开发的,如图 3-13 所示。

新版的 Linux 在桌面方面已得到了全面改善,集成了常见的办公软件(Open Office)、多媒体、网络应用等,是和 Windows 开展竞争的桌面操作系统。特别是 Ubuntu 与 Windows 的安装和使用方式相类似,针对中国用户优化的麒麟(Kylin)桌面操作系统打破了 Windows 一统桌面的格局,如图 3-14 所示。

图 3-13　Android 系统　　　　　　　图 3-14　Ubuntu Kylin

第二部分
Linux 操作系统的安装与管理

　　本部分以 Linux 操作系统的单机安装、管理为主要内容，重点介绍 Linux 的安装、登录、远程连接、用户及权限管理、文件系统和磁盘管理等内容。

第 4 章　Linux 操作系统的安装及引导

本章以 CentOS 发行版为例,介绍如何安装和引导 Linux 操作系统。一般专业服务器只安装部署一个操作系统,而初学者在学习过程中则可能需要在已经安装有 Windows 操作系统的计算机上再安装部署 Linux 操作系统,实现多重引导。

4.1　系统安装部署方式的选择

在一台计算机中安装部署一个还是多个操作系统,决定了在使用过程中是独立引导还是多重引导。确定了安装部署方式后,在 Linux 操作系统安装过程中,用户可以选择光盘、U 盘、硬盘、网络等作为操作系统的安装源。

4.1.1　系统安装部署及引导方式

一般情况下,在一台计算机上只需要安装部署一个操作系统。但为方便学习和使用,用户可以在一台计算机中同时安装部署多个操作系统。为了学习和组建网络,用户还可以在一台物理计算机中实现虚拟计算机的多机引导环境。具体说明如下。

1. 独立安装单重引导方式

一般计算机正常使用的情况下,可以只安装唯一的操作系统,如 Windows 系列或者 Linux 系列。开机引导时,计算机将自动选择这个唯一的操作系统管理计算机资源。专业服务器一般采用这种模式独立安装一个网络操作系统(network operating system, NOS)。这种方式下,唯一的操作系统将独占和管理计算机全部的软硬件资源。

2. 多系统安装部署多重引导方式

在一台计算机中,用户可以根据需要同时部署多个操作系统,如不同系列的操作系统或者同一系列不同版本的操作系统。不同的操作系统安装到不同的硬盘分区。开机引导时,计算机可根据用户的选择引导其中的一个操作系统,且只能选择一个操作系统引导启动并管理计算机资源。

3. 基于虚拟机的多机引导方式

一般的用户对 Windows 桌面系统比较熟悉,在学习 Linux 的过程中,可以在启动的 Windows 系统中虚拟出一台计算机并安装 Linux 操作系统。相对而言,原来的计算机被称为宿主机。这种方式可实现宿主机和虚拟机同时运行的多机引导环境,适合 Linux 初学者或者多机混合组网的情况。3 种安装部署引导方式如图 4-1 所示。

本书为方便用户学习 Linux 和组网,采用基于虚拟机的多机引导方式。

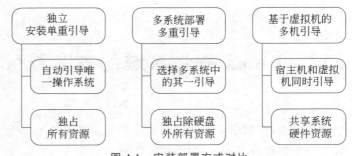

图 4-1 安装部署方式对比

4.1.2 安装源选择

确定计算机操作系统的安装部署方式后,在开始安装 Linux 操作系统前还需要选择安装文件的来源——安装源。根据 Linux 操作系统的性质和发行方式,目前主要的安装源包括以下几种。

1. 光盘(.ISO 文件)安装

过去(2010 年以前)的软件发行大都采用光盘的形式。安装光盘是具有开机引导功能的系统光盘,包含了安装过程所需要的安装文件,因使用方便而在过去是系统安装的默认安装源。为方便在网络传输和计算机内存储,一些厂商还将物理光盘(CD 或者 DVD)制作成光盘镜像文件(.ISO 文件)供用户使用。

2. 硬盘安装

把下载的镜像文件保存到硬盘中,修改系统启动项即可将硬盘安装文件作为安装源安装 Linux,其优点是速度快,不需要光盘等启动盘。但其需要配置系统启动项,特别是当镜像文件大于 4GB 时,Windows 环境下的 FAT32 格式的文件系统将无法支持。具体解决方案可参见相关资料。

3. Internet 网络安装

系统安装所需要的文件可以直接存储在网络上无须下载。安装时,利用网络安装启动光盘(如 CentOS 的网络安装启动光盘 CentOS-6.6-x86_64-netinstall.iso)从本地引导,选择安装源所在网络地址,安装程序可以自动从网络下载安装所需要的文件。这种安装方式的优点是不用下载安装文件,缺点是通过网络安装,需要有网络的支持,并且速度较慢。

4. NFS 局域网络共享安装

和 Internet 网络安装类似,但这种方式下安装源被保存在局域网络 NFS(network file system)服务器中,安装速度较 Internet 网络安装更快。

通过网络安装启动光盘引导后,安装源选择界面如图 4-2 所示。

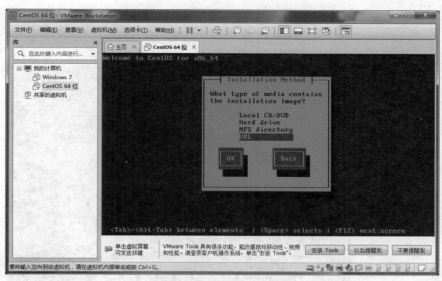

图 4-2 安装源选择界面

4.1.3 Live CD 免安装引导

很多 Linux 发行版本中都包含 LiveCD/LiveDVD 镜像,即可以直接引导为可用 Linux 系统的 CD/DVD 或光盘镜像,免去安装过程,可直接进入 Linux 的桌面。这些 Live CD/Live DVD 的设计是,当从 CD/DVD 引导起来后,提供一整套可以使用的工具,其中有一些是通用的,有一些是高度专用的。当从光盘引导进入 Linux 桌面后,用户选择将 Live CD/Live DVD 安装到硬盘以方便使用。CentOS 6 的 Live DVD 引导及桌面如图 4-3 和图 4-4 所示。

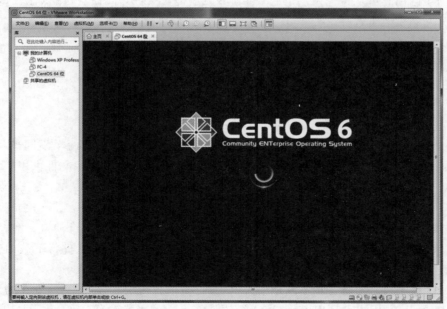

图 4-3 CentOS 6 的 Live DVD 引导

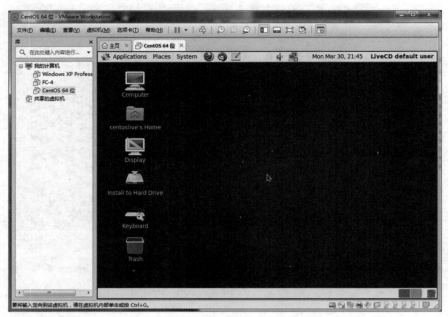

图 4-4 CentOS 6 的 Live DVD 桌面

4.2 准 备 安 装

4.2.1 下载安装源

中国境内用户可从镜像站点下载 CentOS 光盘镜像文件,开源镜像站点比较多,以下列举部分网站供读者选择。

- 阿里云:http://mirrors.aliyun.com/centos/6.6/isos/。
- 网易:http://mirrors.163.com/centos/6.6/isos/。
- 搜狐:http://mirrors.sohu.com/centos/6.6/isos/。
- 新浪:http://mirrors.sina.com/centos/6.6/isos/。
- 上海交大:http://ftp.sjtu.edu.cn/centos/6.6/isos/。

CentOS 6.6 的光盘镜像包含适于 32 位(i386)和 64 位(x86_64)两个不同架构 CPU 的版本。开源镜像站点中还包括其他 Linux 发行版的近期版本的镜像文件供用户下载。

4.2.2 制作安装引导介质

根据安装源不同,在安装 Linux 系统时需要制作不同的安装引导介质。

(1) 常规的光盘安装。用户可以利用 UltraISO、NERO 等刻录软件将下载的光盘镜像文件刻成物理 DVD 光盘以引导安装过程。

(2) U 盘安装。随着容量不断地增大,U 盘已有取代传统光盘的趋势,现在的计算机都支持 U 盘启动,用户可利用 UltraISO 等软件将下载的光盘镜像文件写成可引导的 U

盘以引导安装过程。

（3）网络安装。利用 UltraISO、NERO 等刻录软件将下载的网络安装启动光盘镜像文件刻成物理网络安装 CD 光盘以引导安装过程，图 4-2 所示的引导界面就是利用这种方式安装的过程。

本书主要介绍常规的光盘安装过程，其他的安装方法类似，读者可参照网络上的相关说明尝试不同的 Linux 安装引导方式。

4.3　安装基于虚拟机的 CentOS

本节主要介绍基于 VMware 虚拟机的 CentOS 发行版安装过程，包括安装 VMware 虚拟机管理软件、创建虚拟计算机、在虚拟机中安装 CentOS。

4.3.1　虚拟机管理软件介绍

虚拟机（virtual machine）指通过软件模拟的、具有完整硬件系统功能的、运行在一个完全隔离环境中的完整计算机系统。目前流行的虚拟机软件有 VMware、VirtualBox 和 VirtualPC 等。VirtualBox 最早是德国一家软件公司 InnoTek 所开发的虚拟系统软件，被 Sun 收购后改名为 Sun VirtualBox。

VirtualPC 原来由 Connectix 公司开发，起初只能在 Mac OS 运行，后改为跨平台产品，被称为 Connectix VirtualPC。微软公司于 2003 年收购该软件，并将之改称为 Microsoft VirtualPC。

VMware 是全球从桌面到数据中心虚拟化解决方案的领导厂商，VMware 桌面虚拟化的主要系列产品如下。

（1）VMware Workstation 是 VMware 公司销售的商业软件产品之一。该软件包含一个用于英特尔 x86 兼容计算机的虚拟机套装，允许用户同时创建和运行多个 x86 虚拟机，每个虚拟机实例可以运行其自己的客户机操作系统，如（但不限于）Windows、Linux、BSD 衍生版本甚至 Android 等。

（2）VMware Player 免费软件产品可运行由其他 VMware 桌面虚拟化产品产生的客户虚拟机，同时也可以自行创建新的虚拟机。

（3）VMware Fusion 是 VMware 面向苹果计算机推出的一款虚拟机软件。

（4）VMware-GSX-Server 服务器版，其和 VMware Workstation 的区别就是带有 Web 远程管理和客户端管理等功能。

（5）VMware-ESX-Server 服务器版本身就是一个操作系统，并不需要宿主操作系统的支持。

本书以 VMware Workstation 为例介绍虚拟机的创建和管理过程。

4.3.2　安装 VMware 虚拟机管理软件

下载虚拟机管理软件并将之保存到相应的安装目录中，如图 4-5 所示。

运行下载的安装程序，然后单击"下一步"按钮进入安装过程。对于初学者而言，可以

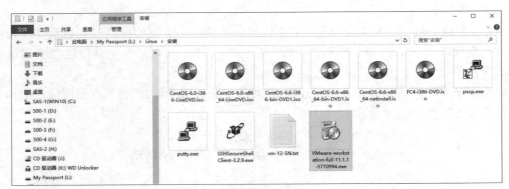

图 4-5　准备虚拟机安装软件

选中"典型"安装，如图 4-6 所示。

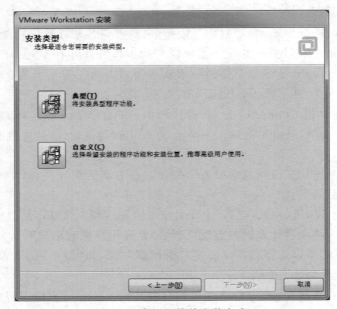

图 4-6　虚拟机软件安装方式

其余过程选择默认设置，单击"下一步"按钮后输入许可证密钥，如图 4-7 所示，完成安装后桌面将生成图标，如图 4-8 所示。

4.3.3　创建虚拟机

完成 VMware 虚拟机管理软件的安装后，可以利用它创建一个虚拟机，具体过程如下。

① 双击 VMware Workstation 桌面图标运行 VMware 虚拟机管理软件，选择主页中的"创建新的虚拟机"（如图 4-9 所示），或单击"文件"|"新建"菜单，进入新建虚拟机向导，选择"典型"安装，如图 4-10 所示。

图 4-7　虚拟机软件序列号

图 4-8　生成虚拟机软件图标

图 4-9　新建虚拟机

图 4-10　以典型配置创建虚拟机

　　② 配置安装源，选择 ISO 文件作为安装源。VMware 可以直接把下载的.iso 文件识别为虚拟光盘并将之插入虚拟机的光盘驱动器。VMware 能够从.iso 文件中识别出操作系统的类型并直接进入简易安装模式，如图 4-11 所示。用户也可以选择稍后安装操作系统以进行手动安装方式，具体参见 4.3.4 节。

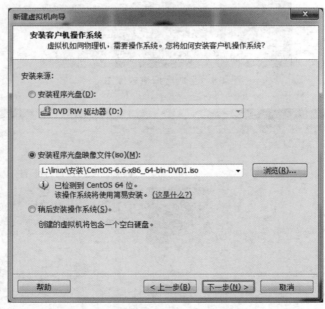

图 4-11　配置安装操作系统方式

③ 个性化 Linux 需要用户提供虚拟机的全名并创建一个用户,同时输入密码(注:系统的管理员用户即根用户 root 的密码和创建的用户都使用这个密码),如图 4-12 所示。

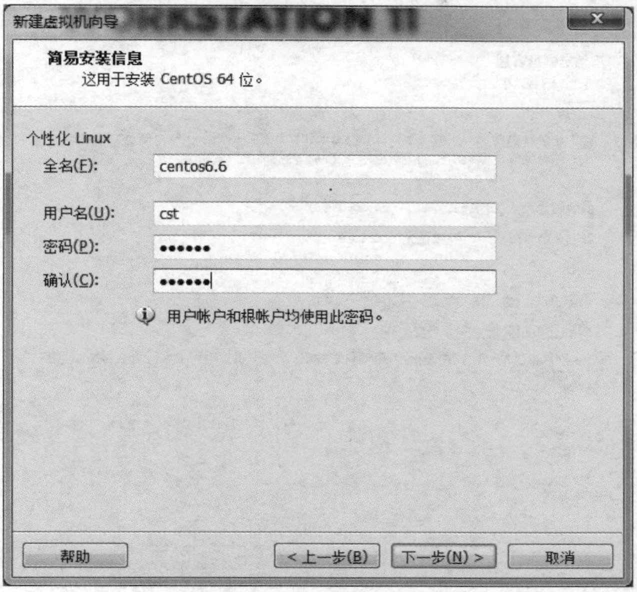

图 4-12　个性化 Linux

④ 输入虚拟机的名称并单击"浏览"按钮,为保存虚拟机的文件新建一个目录,要确保目录所在的位置有足够的磁盘空间,如图 4-13 所示。

图 4-13　虚拟机文件保存位置

⑤ 指定虚拟机的磁盘容量,此处为虚拟机磁盘容量的最大值。虚拟机文件所占的实际磁盘大小与虚拟机中安装软件的多少有关,如图 4-14 所示。

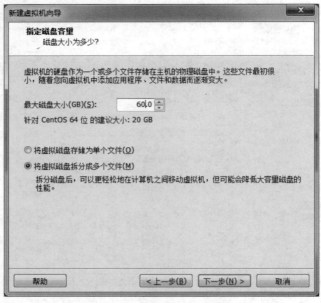

图 4-14　虚拟机硬盘容量

⑥ 完成创建,系统将显示新创建虚拟机的信息列表。此时可单击"自定义硬件"按钮修改网络适配器的工作模式为桥接模式,以便和宿主机混合组网,如图 4-15 所示。

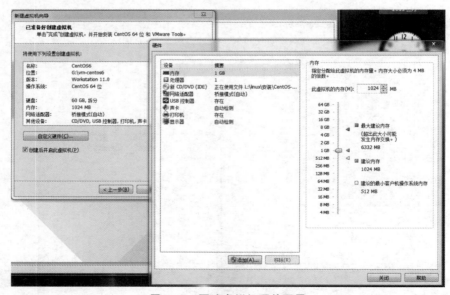

图 4-15　更改虚拟机硬件配置

4.3.4　在新建的虚拟机中安装 CentOS

1. 简易自动安装过程

简易自动安装过程如下。

① 若创建虚拟机时已指定安装源，则系统将自动地从安装源中识别所含的操作系统类型并执行简易安装。虚拟机启动后，系统将执行自动安装过程，如图 4-16 所示。

图 4-16　简易自动安装

② 安装完成后系统将自动重启动，进入 CentOS 的图形界面并等待用户登录，如图 4-17 所示。

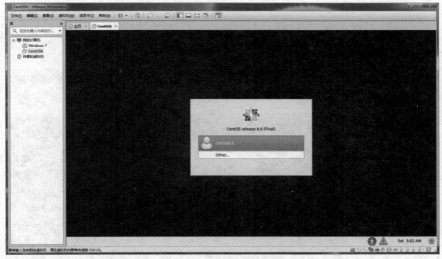

图 4-17　登录界面

2. 手动安装过程

如果在创建虚拟机的时候选择手动安装操作系统，那么在创建完虚拟机后可以指定 ISO 文件作为安装源，系统将进入手动安装过程。

（1）启动虚拟机，进入 CentOS 安装的欢迎界面，如图 4-18 所示。选择第一项 Install

or upgrade an existing system,进入安装过程。

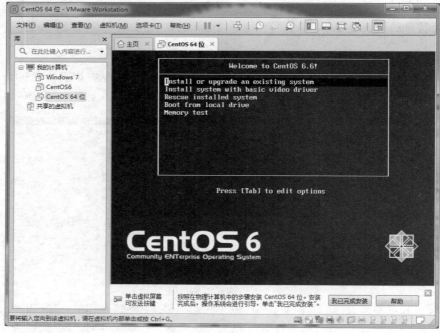

图 4-18   手动安装

（2）此时安装程序会询问是否对安装介质进行测试,以避免下载过程中可能出现的错误导致安装出现问题,可选择跳过(skip),如图 4-19 所示。

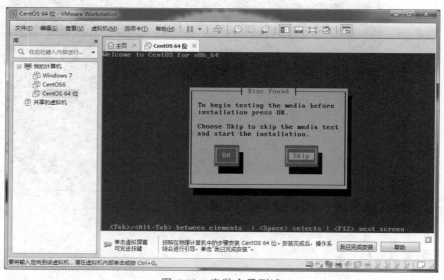

图 4-19   安装介质测试

（3）系统将启动图形安装过程,如图 4-20 所示,单击 Next 按钮即可进入图形安装界面。

图 4-20　图形安装界面

（4）选择安装过程中使用的语言，如图 4-21 所示。

（5）选择计算机使用的键盘布局，如图 4-22 所示，一般推荐选择美式键盘。

（6）确定所使用的硬盘是否需要加载特殊的驱动程序，这里选择基本的磁盘存储设备（Basic Storage Devices），如图 4-23 所示。

（7）系统将提示安装过程中可能会损坏已有数据，如图 4-24 所示，可选择覆盖原有数据（Yes，discard any data）进行安装。

（8）输入创建的 CentOS 虚拟机的主机名，一般为 FQDN（fully qualified domain name，完全限定域名）格式，如图 4-25 所示，以便此被创建的虚拟机接入 Internet。

确定主机名后，为了实现远程连接及组网功能，还需要配置网络，如图 4-26 所示，具体参数含义参见第 9 章。读者也可以选择在系统安装后配置网络。

（9）选择所在的时区，并选择与世界标准时间 UTC 同步，如图 4-27 所示。

（10）设置系统管理员用户（又称根用户 root）的密码，如图 4-28 所示。要确保密码具有一定的长度和复杂度，否则系统可能提示密码强度不够（Weak Password）。

（11）确定新安装系统使用磁盘的方法，如图 4-29 所示，新安装的系统将独占全部的

图 4-21　选择安装语言

图 4-22　选择键盘布局

磁盘空间（Use All Space）。

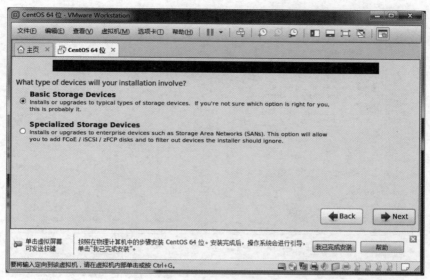

图 4-23　选择硬盘

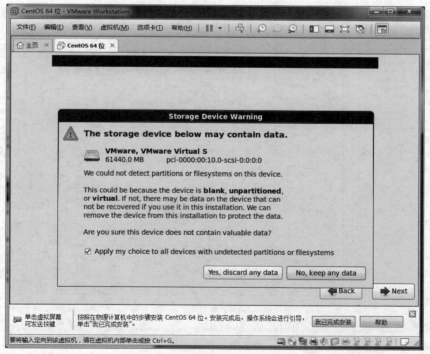

图 4-24　硬盘数据损坏警告

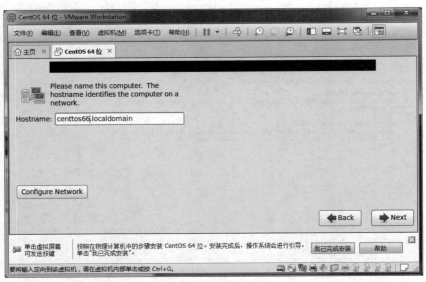

图 4-25　输入主机名

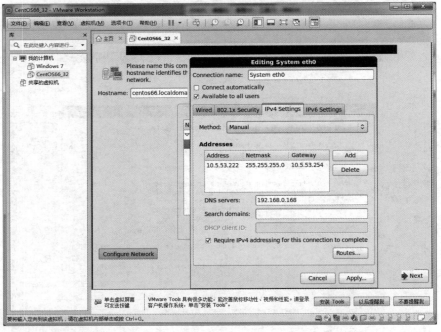

图 4-26　配置网络

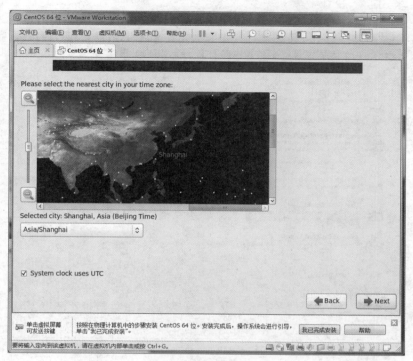

图 4-27　确定时区

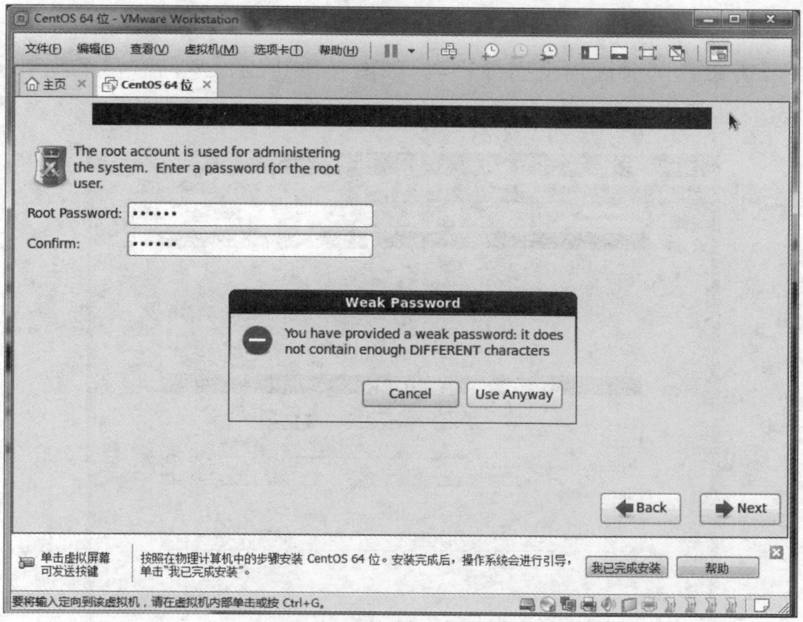

图 4-28　输入根用户密码

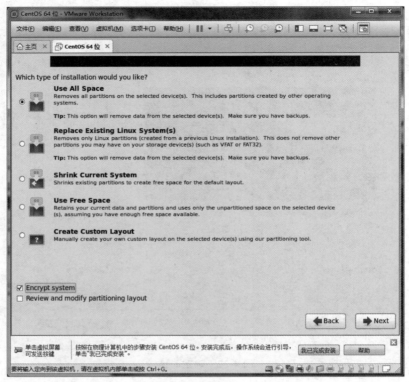

图 4-29　硬盘分区

（12）可以为磁盘的分区加上引导密码，如图 4-30 所示。然后，在系统引导过程中就会需要输入密码才能进入相应的分区。

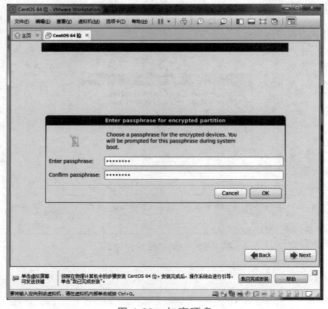

图 4-30　加密硬盘

（13）将上述配置选择信息写入磁盘，如图 4-31 所示。

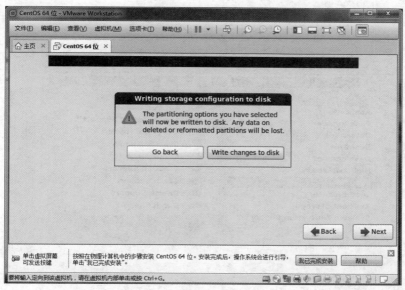

图 4-31　保存硬盘修改

（14）根据用途选择所需要安装的组件。安装的组件越多，安装所占的磁盘空间越大，安装过程时间也就越长。建议初学者安装全部组件，如图 4-32 所示。

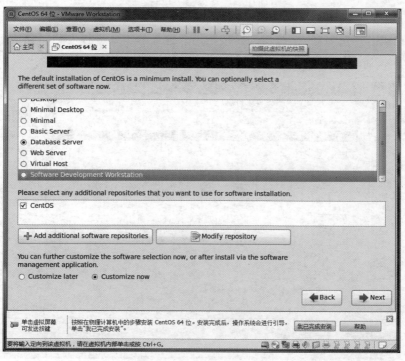

图 4-32　选择安装组件

（15）选择系统支持的语言包。为了能够识别中文，这里应选择中文语言包，如图 4-33 所示。

图 4-33　选择中文语言包

（16）完成上述选择后，系统将开始按照用户选择的组件进行安装。完成后安装程序会给出安装成功的提示，如图 4-34 所示。

图 4-34　安装成功

单击 Reboot 按钮重启虚拟机,系统在进行第一次引导时需要用户做一些简单配置,然后等待用户登录。

4.4   登录 CentOS

完成 CentOS 的安装后,在正式使用前,需要以根用户身份登录 CentOS 并进行初始化设置。登录 CentOS 主要有本机登录和远程连接两种方式。

4.4.1   本机登录 CentOS

CentOS 安装完成后,系统重新启动将默认进入图形界面,等待用户从本机登录并进行管理操作,参见图 4-17。

如果安装时没选择安装图形界面或者 CentOS 没有支持计算机显卡,那么系统启动后将进入文本界面,等待用户从本机登录,如图 4-35 所示。

```
CentOS release 6.6 (Final)
Kernel 2.6.32-504.el6.x86_64 on an x86_64

localhost login: root
Password:
[root@localhost ~]# _
```

图 4-35   文本界面

4.4.2   远程连接 CentOS

从本机登录可能对服务器等关键应用带来危害,特别当安装好 CentOS 的计算机不在附近时,可利用远程连接工具通过网络连接到已装好 CentOS 的计算机,就像在本机登录一样完成管理和配置工作。这是许多网管常用的工作方式。

常用的远程连接工具主要是基于文本界面的 PUTTY、SSH Client、Secret CRT 等,图 4-36 显示了利用 PUTTY 远程连接 CentOS 的过程,连接成功的文本界面如图 4-37 所示。基于图形界面的 VCR 等远程桌面连接工具详见第 9 章。

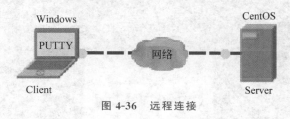

图 4-36   远程连接

图 4-37   远程连接

第 5 章　Linux 基本配置

第 4 章主要介绍了安装 Linux 操作系统的方法和过程。系统安装好后即可配置和使用 Linux 系统。本章主要知识点如下。

(1) 掌握 Linux 系统启动、登录和关闭的方法。

(2) 掌握 Linux 系统图形界面的使用方法。

(3) 了解 Linux 系统的运行级别。

(4) 掌握进入命令界面的方法。

(5) 掌握常见命令的使用方法。

本章涉及的 Linux 高频使用命令较多,是整个课程学习的基础,我们要有"不积小流,无以成江海"的精神,脚踏实地、一步一个脚印地将每个常用命令学好,为熟练使用 Linux 系统打下坚实的基础。

5.1　启动并登录系统

5.1.1　启动 Linux

启动系统指的是从打开计算机电源直到 Linux 显示用户登录界面的全过程。不同发行版的 Linux 系统启动过程稍有不同,但基本过程是类似的。本书介绍虚拟机中 CentOS 的开机过程。

在虚拟机中,首先打开已安装的 Linux 虚拟机系统配置文件(*.vmx 格式),在对应系统选项卡里详细描述了系统名及其硬件配置情况。单击"开启此虚拟机"命令按钮后,经过自检、文件加载等一系列系统初始化,虚拟机将自动进入登录界面,如图 5-1 所示,至

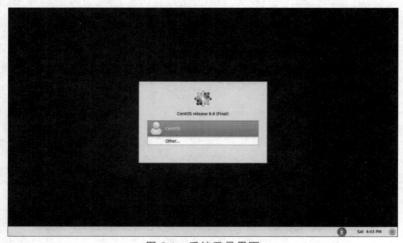

图 5-1　系统登录界面

此,CentOS 系统的启动工作全部完成。

5.1.2　登录 Linux

Linux 系统的用户分为普通用户和管理员用户两种,普通用户的用户名可以是任意的(不能为 root 及系统保留字),而管理员用户名为 root。管理员用户 root 有且只有一个,而普通用户可以有多个。除 root 用户外,普通用户必须先创建后才能使用。例如,在系统安装过程中创建了普通用户 abc,下面就可以使用 abc 账号登录系统。

(1)登录界面上有两个选项:CentOS 和 Other。第一个 CentOS 默认以安装过程中设定的用户名 abc 登录,第二个 Other 则用于以其他身份登录。这里选择 CentOS,随后将显示密码文本框,如图 5-2 所示。

图 5-2　用户登录界面

(2)输入密码,然后单击 Log In 按钮或按 Enter 键确认登录。

(3)如果用户名和密码正确,则登录成功,可以进入默认的 CentOS 图形界面,如图 5-3 所示。

图 5-3　CentOS 图形界面

5.1.3　注销 Linux

如果系统中设置了多个用户,在某一个用户账号的工作完毕之后,可以通过注销将系统正在运行的所有程序都关闭,切换到其他用户账号登录操作系统的界面。在桌面控制面板中选择菜单命令 System|Log Out abc,如图 5-4 所示。

在其后弹出的对话框中单击 Log Out 按钮,即可将当前登录的 abc 账号注销,如图 5-5 所示。注销后系统将返回如图 5-1 所示的用户登录界面,可重新使用需要的账号登录。

图 5-4　System 菜单

图 5-5　注销

5.1.4　关机和重启

在桌面控制面板中选择菜单命令 System|Shut Down,在其后弹出的对话框中选择 Shut Down 或 Restart 按钮,即可关机或重启系统,如图 5-6 所示。

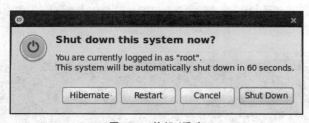

图 5-6　关机/重启

此外,Hibernate 按钮表示系统睡眠,系统会将内存中的数据全部转存到硬盘上的休眠文件中,然后关闭除了内存外所有设备的供电,仅维持内存中的数据。这是一种将系统由工作状态转为等待状态的节能模式。若需要恢复计算机启动状态,可单击"开启此虚拟机"命令按钮,虚拟机会快速地恢复系统睡眠之前的状态。

5.2　GRUB

用户按下电源后,BIOS 开机自检,按 BIOS 中设置的启动设备(通常是硬盘)启动,接着启动引导程序 GRUB,首先进行内核的引导,接下来执行 init 程序,完成系统初始化后,打开终端用户登录系统,用户登录后进入 shell,这样就完成了从开机到登录的整个启动过程。

GNU GRUB(grand unified bootloader)是一个将引导装载程序加载到主引导记录的程序，主引导记录是位于一个硬盘开始的扇区。它允许位于主引导记录区中特定的指令装载一个 GRUB 菜单或是 GRUB 的命令环境，这使用户能够开始选择操作系统，在内核引导时传递特定指令给内核，或是在内核引导前确定一些系统参数（如可用的内存大小）。

5.2.1　GRUB 的配置文件

GRUB 的配置文件位于/boot/grub/grub.conf，其内容如图 5-7 所示。

```
#
# Note that you do not have to rerun grub after making changes to this file
# NOTICE:  You have a /boot partition.  This means that
#          all kernel and initrd paths are relative to /boot/, eg.
#          root (hd0,0)
#          kernel /vmlinuz-version ro root=/dev/sda2
#          initrd /initrd-[generic-]version.img
#boot=/dev/sda
default=0
timeout=5
splashimage=(hd0,0)/grub/splash.xpm.gz
hiddenmenu
title CentOS 6 (2.6.32-504.el6.x86_64)
        root (hd0,0)
        kernel /vmlinuz-2.6.32-504.el6.x86_64 ro root=UUID=2d3a46ac-b13f-43ff-a55d
-11fa54cd186b rd_NO_LUKS rd_NO_LVM LANG=en_US.UTF-8 rd_NO_MD SYSFONT=latarcyrheb-s
un16 crashkernel=auto  KEYBOARDTYPE=pc KEYTABLE=us rd_NO_DM rhgb quiet
        initrd /initramfs-2.6.32-504.el6.x86_64.img
```

图 5-7　GRUB 的配置文件

其中：

（1）default＝X，定义了默认启动的系统，0 为排在第一个的系统，以此类推。

（2）timeout＝X，定义了 Grub 菜单停留的时间，单位为秒；如果 timeout 被设置为0，那么用户就没有任何选择余地，GRUB 将自动依照第一个 title 的指示引导系统。

（3）title XXX，XXX 为标题，也就是所要引导的操作系统的名字，用户可以进行修改。

（4）root(hdX,Y)，X 和 Y 都为一个数值，分别代表系统的根分区在哪个硬盘的哪个分区上。root(hd0,0)表示在主机上的第一块硬盘 hd0 中的第一个分区。

（5）kernel 行指定 Linux 内核的文件所处的绝对路径。

（6）initrd 行指定 Linux 的根文件系统所在的绝对路径，initrd 文件中包含了各种可执行程序和驱动程序。

5.2.2　GRUB 命令行

用户可以在 GRUB 引导时手动输入命令以指导 GRUB 的行为。在 GRUB 启动画面出现时按下 C 键可以进入 GRUB 的命令行模式，如图 5-8 和 5-9 所示。下面给出了一些最基本的命令，如表 5-1 所示。

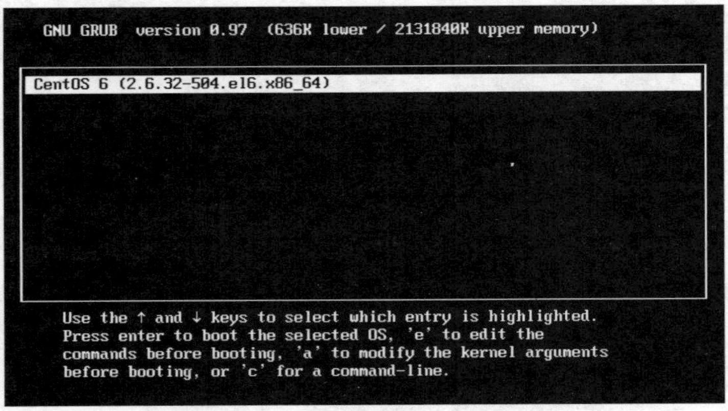

图 5-8　GRUB 启动画面

图 5-9　GRUB 的命令行模式

表 5-1　引导 GRUB 程序的常用命令

命　　令	说　　明
help	显示帮助信息
reboot	重新引导系统
root	指定根分区
kernel	指定内核所在的位置
find	在所有可以安装的分区寻找一个文件
boot	依照配置引导系统

5.3　运　行　级　别

所谓运行级别是指操作系统当前正在运行的功能级别。在 Windows 操作系统中有正常模式和安全模式两种运行级别,而在 Linux 系统中运行级别为从 0 到 6,共有 7 种功能级别。

5.3.1　init 进程

init 进程是系统所有进程的起点,内核在完成引导以后(已被装入内存、已经开始运行、已经初始化了所有的设备驱动程序和数据结构等),通过启动用户级程序 init 以完成引导进程的内核部分。因此,init 总是第一个运行的进程(它的进程号总是 1)。

init 进程有两个作用。第一个作用是扮演终结父进程的角色。因为 init 进程永远不会被终止,所以系统总是可以确信它的存在,并在必要的时候以它为参照。如果某个进程在它衍生出来的全部子进程结束之前被终止,那么系统就会出现必须以 init 为参照的情况。此时那些失去了父进程的子进程就都会以 init 作为它们的父进程。

init 进程的第二个作用是在进入某个特定的运行级别(runlevel)时运行相应的程序,以此对各种运行级别进行管理。它的这个作用定义在/ect/inittab 文件中。

5.3.2　/etc/inittab 文件

init 进程运行时会根据/etc/inittab 文件以执行相应的脚本并进行系统初始化,inittab 配置文件的内容如图 5-10 所示。

```
# inittab is only used by upstart for the default runlevel.
#
# ADDING OTHER CONFIGURATION HERE WILL HAVE NO EFFECT ON YOUR SYSTEM.
#
# System initialization is started by /etc/init/rcS.conf
#
# Individual runlevels are started by /etc/init/rc.conf
#
# Ctrl-Alt-Delete is handled by /etc/init/control-alt-delete.conf
#
# Terminal gettys are handled by /etc/init/tty.conf and /etc/init/serial.conf,
# with configuration in /etc/sysconfig/init.
#
# For information on how to write upstart event handlers, or how
# upstart works, see init(5), init(8), and initctl(8).
#
# Default runlevel. The runlevels used are:
#   0 - halt (Do NOT set initdefault to this)
#   1 - Single user mode
#   2 - Multiuser, without NFS (The same as 3, if you do not have networking)
#   3 - Full multiuser mode
#   4 - unused
#   5 - X11
#   6 - reboot (Do NOT set initdefault to this)
#
id:5:initdefault:
```

图 5-10　inittab 配置文件

从配置文件的注释中可以看到对 Linux 可运行的 7 个运行级别的说明。

在 inittab 文件中有一个基本类型的指令,用以指定命令行所采取的动作在何种运行级别下激活命令等选项。该指令的基本格式如下。

```
id:runlevels:action:process
```

其中,id 可以是任意一个名称;runlevels 是一个数字,表示后面命令的运行级别;action 用于设置何时执行命令;process 表示具体需要执行的命令。initdefault 是一个特殊的 action 值,用于标识默认的启动级别。

5.3.3　运行级

Linux 支持 7 种运行级,不同的运行级定义如表 5-2 所示。

表 5-2   Linux 运行级别

运行级别	描　　述
0	系统停机模式,系统默认运行级别不能设置为 0,否则不能正常启动
1	单用户模式,root 权限,用于系统维护,禁止远程登录
2	多用户模式,没有 NFS 网络支持
3	完全的多用户文本模式,有 NFS,登录后进入控制台命令行模式
4	系统未使用,保留
5	图形化模式,登录后进入 GUI(graphical user interface,图形用户界面)模式
6	重启模式,默认运行级别不能设置为 6,否则不能正常启动

运行级别原理如下。

(1) 在目录/etc/rc.d/init.d 下有许多服务器脚本程序,它们一般称为服务(service)。

(2) 在/etc/rc.d 下有 7 个名为 rcN.d 的目录,对应系统的 7 个运行级别。系统启动时,会根据指定的运行级别进入对应的 rcN.d 目录,并按照文件名顺序检索目录下的链接文件。

5.4　忘 记 密 码

在 Linux 中,如果用户忘记账户的密码,那么应如何解决呢?是否需要重新安装系统?答案当然是不需要重装系统。

5.4.1　忘记 root 密码

如果忘记的是管理员用户 root 的密码,那么可以使用 grub 引导系统,通过修改引导参数进入单用户模式,从而更改 root 的密码。具体步骤如下。

(1) Linux 开机后,屏幕上方将显示 Press any key to enter the menu 提示信息,按任意键进入 GRUB 启动菜单,如图 5-11 所示。

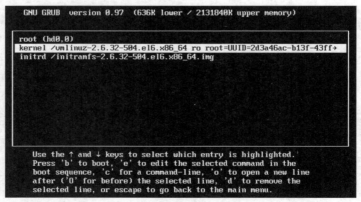

图 5-11　grub 编辑模式

（2）按 E 键进入 grub 编辑模式，使用上/下方向键选择内核 kernel 行，然后按下 E 键编辑内核文件。

（3）在内核文件编辑界面，为文件末尾 quiet 后面加一个空格，然后输入 single 或 1，按下 Enter 键确定修改，如图 5-12 所示。

图 5-12　kernel 文件编辑模式

（4）此时，返回 grub 编辑模式。按下 B 键启动系统，进入单用户模式，如图 5-13 所示。使用 passwd 命令更改 root 密码，然后重新启动即可。

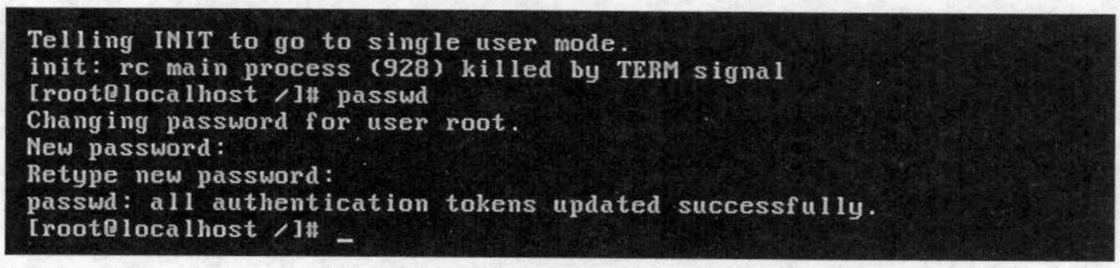

图 5-13　单用户模式修改密码

5.4.2　忘记普通用户密码

如果忘记的是普通用户的密码，那么可以用 root 用户登录系统，通过查看/etc/passwd 文件找到想登录系统的用户名，然后修改该用户的密码即可，具体步骤如下。

（1）以 root 用户登录系统，输入命令 cat /etc/passwd 查看用户账户配置文件，找到想要登录的用户名，假设用户账户 abc（如果知道用户名，可以直接执行第（2）步）。

（2）使用 passwd 命令更改用户 abc 的密码，输入命令 passwd abc，按提示两次输入新密码后，用户 abc 的密码修改成功。

（3）使用 logout 命令注销 root 用户，用 abc 用户登录即可。

5.5　shell

shell 是 Linux 重要的组成部分，也是学习 Linux 必不可少的一部分。对于 Linux 用户来说，掌握 shell 的特性及使用方法是用好 Linux 系统的关键。

5.5.1　shell 简介

shell 是 Linux 系统的用户界面，其提供了用户与内核进行交互操作的接口。实际上，shell 是一个命令解释器，它接收用户输入的命令并把它送入内核执行，作用类似 Windows 系统下的 cmd.exe 文件。Linux 系统各发行版的 shell 有多种版本，常用的有 bourne again shell（bash）和 C shell（csh）。

5.5.2 进入/退出 shell

1. 使用终端方式

在进入 Linux 桌面环境后,用户可以通过选择菜单命令 Applications|System Tools|Terminal 或者在桌面空白位置右击,在展开的快捷菜单中选择 Open in Terminal 菜单命令以启动 shell,如图 5-14 所示。

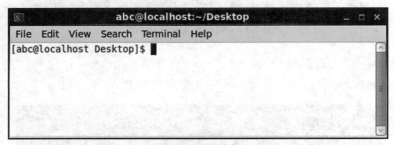

图 5-14   终端 Terminal

2. 利用虚拟控制台

虚拟控制台是 Linux 为多个用户同时使用系统提供的方法,默认 Linux 有 6 个虚拟控制台,它们分别被称为 tty1～tty6。CentOS 默认启动时会自动进入图形桌面环境,如果需要系统启动自动进入字符界面的虚拟控制台 shell,那么可以使用管理员 root 用户登录并编辑/etc/inittab 文件,将"id:5:initdefault:"语句中的 5 改为 3。重新启动后即可进入图 5-15 所示的登录界面。正确输入用户名和密码登录后,将出现 shell 提示符,表示 shell 处于待命状态,支持用户输入命令,如图 5-16 所示。

```
CentOS release 6.6 (Final)
Kernel 2.6.32-504.el6.x86_64 on an x86_64

localhost login: _
```

图 5-15   登录界面

```
CentOS release 6.6 (Final)
Kernel 2.6.32-504.el6.x86_64 on an x86_64

localhost login: root
Password:
[root@localhost ~]# _
```

图 5-16   文本界面

当用户在 shell 中完成工作后,可以执行 exit 命令退出 shell。

5.5.3 shell 提示符

shell 的提示符可以帮助用户了解当前的系统状态,如提示符[root@localhost～]#

表示的含义如下。

- root 表示当前登录的用户名。
- localhost 表示当前 Linux 主机。
- ～表示当前位于该用户的主目录(家目录)。
- ♯表示当前登录的是管理员 root 用户,$ 表示普通用户。

5.5.4　shell 命令规则

在 shell 中输入命令要遵从一些基本规则,其中命令行中输入的第一个词必须是命令名,第二个词是命令的选项或参数,命令名及各个选项或参数之间必须用空格或制表符隔开,一般格式如下。

命令名 [选项] [参数 1] [参数 2]…

其中:

(1) [选项]是对命令执行形式的特别定义,其以减号(-)开始,多个选项可以用一个减号连起来,如"ls -l -a"与"ls -la"相同。

(2) [参数]提供命令运行的一些相关信息,或者命令执行过程中所使用的文件名。使用分号(;)可以将两个命令隔开,这样可以在一行中输入多个命令。命令的执行顺序和输入的顺序相同。

5.5.5　命令自动补全

在使用 shell 的过程中,当输入长命令、长文件名或者某些记不清楚的命令时,自动补全功能就非常有意义。在输入命令的任何时刻,用户都可以按 Tab 键,系统将试图补全此时已输入的命令。如果已经输入的字符串不足以唯一地确定它应该使用的命令,那么系统将发出警告声。此时再次按 Tab 键,系统则会给出可用以补全命令、选项和参数的字符串清单。

5.5.6　历史命令

Linux 系统会把用户输入过的命令都记录在命令历史缓冲区中,以便将来使用。当用户再次用到过去用过的命令时,只要按方向键中的上/下箭头,就可以选择以前输入过的命令了。按上箭头键可返回到上一条命令,按下箭头键可返回到下一条命令。

5.5.7　通配符

通配符提供了替代字符串中一个或多个字符的方法。通配符通常用于模式匹配,如文件名匹配、路径名搜索、字符串查找等。最常用的几个通配符如表 5-3 所示。

表 5-3　通配符

符　号	功　能
*	表示任意多个字符(零个或多个)
?	表示任意一个字符
［字符列表］	表示字符列表中的任何一个字符
-	与方括号结合,表示指定范围
［!字符列表］	表示不在字符列表中的其他字符

示例如下。

```
#ls /etc/ * .conf          #显示/etc 目录下所有扩展名为 conf 的文件
#ls /etc/??               #显示/etc 目录下所有文件名为两个字符的文件
#ls /etc/[a-c] *           #列出/etc 目录下以 a、b、c 开头的所有文件
```

5.5.8　输入/输出重定向

在 Linux 中,执行每个命令内核会自动打开 3 个标准文件,以读取输入,发送输出和错误消息。这 3 个标准文件分别是对应终端键盘的标准输入文件(stdin)、对应终端屏幕的标准输出文件(stdout)和标准错误文件(stderr)。因此,默认情况下,每个命令都是从键盘获取输入,而将输出结果和错误信息发送到显示器,如图 5-17 所示。

图 5-17　标准输入、标准输出和标准错误

1. 输入重定向

输入重定向是指把命令(或可执行程序)的标准输入重定向到指定的文件中。也就是说,输入可以不来自键盘,而是来自一个指定的文件。所以说,输入重定向主要用于改变一个命令的输入源,特别是改变那些需要大量输入的输入源。

输入重定向的命令格式如下。

命令 <文件名

功能描述:将命令的信息保存到一个文件中,然后将该文件作为命令的输入。
示例如下。

```
#cat num.txt              #查看 num.txt 文件
2                         #文件中的数字内容,没有顺序
5
1
#sort <num.txt            #将 num.txt 文件通过输入重定向作为 sort 命令的输入源
```

```
1                              #文件中的数字排序输出
2
5
```

另一种输入重定向方式是使用操作符"＜＜"。这种输入重定向的例子被称为立即文档(here document)，它告诉 shell 从键盘接收输入，并传递给程序。

示例如下。

```
#cat <<EOF        #cat 命令从键盘接收两行输入，并将其送往标准输出
>Hello
>andy
>EOF              #EOF 表示输入结束的分隔符
Hello             #输入结束后，shell 把刚才的键盘输入一起传递给 cat 命令以显示输出
andy
```

2. 输出重定向

程序在默认情况下将结果输出到标准输出终端显示器，但有的时候可能需要捕获一个命令的输出并将之保存为一个文件，以便对命令输出进行进一步处理。输出重定向功能可以将程序的标准输出或标准错误输出重新定向到指定文件中，命令格式如下。

```
命令 >文件名
```

功能描述：将命令结果输出到文件中。如果"＞"符号后边的文件已存在，那么系统会覆盖该文件的内容；否则，系统将自动建立该文件。

示例如下。

```
#ls >out.txt      #将 ls 命令获取的当前目录下的文件列表输出到 out.txt 文件中
#cat out.txt      #查看文件 out.txt
bin               #ls 命令的输出结果在 out.txt 文件中，每一行显示一个文件名
boot
dev
etc
...
```

如果要将输出结果追加到指定文件的后面而不是覆盖，那么可以使用"＞＞"符号进行追加重定向。

示例如下。

```
#ls -l /boot >>out.txt    #将 ls -l /boot 显示的文件详细信息追加输出到 out.txt 文件中
#cat out.txt              #查看 out.txt 文件
bin
boot
...
```

```
-rw-r--r--. 1 root root 106308 Oct 14 21:54 config-2.6.32.2.504.e16.x86_64
drwxr-xr-x.3 root root  1024 Mar  9 08:05 efi
...
```

5.5.9　管道

管道可以将一个命令的输出作为另一个命令的输入,故此功能可以把一系列命令连接起来,即第一个命令的输出通过管道成为第二个命令的输入,第二个命令的输出通过管道成为第三个命令的输入,以此类推。显示在屏幕上的将是管道行中最后一个命令的输出,命令格式如下。

```
命令 1 | 命令 2 |…
```

功能描述:通过管道符"|"建立一个管道,将命令的输出连接到另一条命令的输入。示例如下。

```
#ls /etc | more       #通过管道将 ls 命令的输出作为 more 分屏显示命令的输入
abrt                  #more 命令一个屏幕一个屏幕地查看信息,按空格键切换下一屏
acpi
...
cron.deny
--More--
```

5.5.10　联机帮助

用户可以通过以下两种方法获得 Linux 系统命令的相关帮助信息。

1. 使用--help 选项

大部分命令都支持通过在命令之后使用--help 选项获取该命令的帮助信息。如 ls --help 可以获得 ls 命令的帮助信息。

2. 使用 man 命令

man 命令可以查看任何命令的联机帮助信息,它将命令名作为参数,该命令的语法格式如下。

```
man [命令名]
```

例如,要获取 ls 命令的帮助信息,可以输入下列命令。

```
ls man
```

5.6　vi 编辑器

vi(visual interface)编辑器是 Linux/UNIX 上最基本的文本编辑器。vi 没有菜单,只有命令,通过各种命令可以执行输出、删除、查找、替换等众多文本操作,具备创建文本文件的巨大灵活性。

5.6.1　vi 的工作模式

vi 有 3 种基本工作模式:命令模式、插入模式和末行模式。在实际应用中需要经常切换这 3 种模式以完成编辑工作。在 vi 中切换 3 种工作模式,如图 5-18 所示。

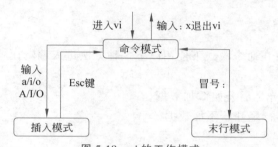

图 5-18　vi 的工作模式

(1) 命令模式(command mode)。当用户启动后,vi 默认处于命令模式,所以这是 vi 的默认模式。在该模式下用户输入的任何字符都被 vi 当作命令执行,可以控制屏幕光标的移动,字符、字或行的删除,移动复制某区段及进入插入模式(insert mode)下,或者到末行模式(last line mode),但输入的命令并不会在屏幕上显示。

(2) 插入模式(insert mode)。用于录入文档,也被称作"编辑模式"。在命令模式下输入插入命令 i、添加命令 a 或打开命令 o 等都可以进入文本输入模式。在文本输入过程中,若想回到命令模式下,按 Esc 键即可。

(3) 末行模式(last line mode)。用于查找、替换、定位、保存文件和退出 vi 等。在命令模式下,按":"键即可进入末行模式下,此时 vi 会在显示窗口的最后一行显示一个":"作为末行模式的提示符以等待用户输入命令。命令输入后,按 Enter 键结束。

5.6.2　vi 的基本操作

1. 进入 vi

在系统提示符下输入 vi 及文件名称后,就可以进入 vi 全屏幕编辑画面,如图 5-19 所示。如果输入的文件名已经存在,vi 自动打开此文件编辑;否则,vi 将建立一个以此文件名为名的新文件。

图 5-19 中 abc.txt 是一个新文件,光标停留左上角,文件每一行开头都有一个波浪线"~",该符号表示所在行是空白行,没有任何数据。如果指定的文件存在,那么打开该文件后在屏幕上显示的就会是该文件的内容,屏幕的最底行是 vi 的状态行,包括文件名、行

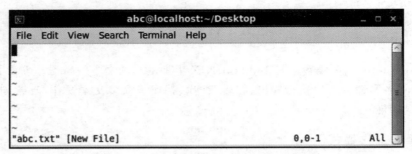

图 5-19　vi 编辑器

数和字符数。

2. 进入插入/编辑模式

要输入数据,可以在命令模式下使用以下 3 种方法进入编辑模式。

1) 添加(append)
- a 命令在当前光标后开始添加数据。
- A 命令在当前行尾开始添加数据。

2) 插入(insert)
- i 命令在当前光标前开始插入数据。
- I 命令在当前光标行首开始插入数据。

3) 打开(open)
- o 命令在当前行之下新增一行并进入编辑模式。
- O 命令在当前行之上新增一行并进入编辑模式。

3. 保存文件并退出 vi

1) 命令模式
保存并退出可以输入 ZZ 命令。

2) 末行模式
- 保存并退出,输入":wq"。
- 另一种保存并退出,输入":x"。
- 不保存强制退出,输入":q!"。
- 列出行号,输入":set nu"。
- 取消行号,输入":set nonu"。
- 跳到文件中的某一行,输入":[♯]",[♯]是一个数字,表示行号。

5.6.3　移动光标

在 vi 中,要对数据进行输入或修改,首先必须把光标移动到指定位置。由于 vi 不支持鼠标操作,所以要在 vi 中将光标移动到指定位置,需要利用键盘进行操作,常用的快捷键功能描述如表 5-4 所示。

表 5-4　移动光标快捷键功能描述

按　键	功　能	使 用 模 式
↑ ↓ ← →	上下左右移动光标	命令/插入
Home	移动光标到当前行的行首	命令/插入
End	移动光标到当前行的行尾	命令/插入
PgDn	向下翻页	命令/插入
PgUp	向上翻页	命令/插入
h	光标向左移动一位	命令
j	光标向下移动一行	命令
k	光标向上移动一行	命令
l	光标向右移动一位	命令
gg	移动光标至文档首行	命令
G	移动光标至文档末尾	命令
nG	移动光标至文档第 n 行(n 为数字)	命令
^或 0	光标移动至当前行的首字符(0 为数字零)	命令
$	光标移动至当前行的尾字符	命令
w	光标向右移动一个单词	命令
nw	光标向右移动 n 个单词(n 为数字)	命令
b	光标向左移动一个单词	命令
nb	光标向左移动 n 个单词(n 为数字)	命令
Ctrl+B	向前翻一页	命令
Ctrl+F	向后翻一页	命令
Ctrl+U	向前翻半页	命令
Ctrl+D	向后翻半页	命令

5.6.4　编辑文档

在 vi 编辑器中,编辑文档内容主要有两种常用的方式:进入插入模式和快捷键操作。进入插入模式的方法前面已经介绍,进入此模式后,即可通过移动光标进行增加、删除、修改等基本操作,这种方法也是最简单的方式。另外,快捷键操作方式是在命令模式下按相应的快捷键,实现对应的功能,常用的快捷键功能描述如表 5-5 所示。

表 5-5　编辑文档快捷键功能描述

按　键	功　能
x	删除光标当前字符(Delete)

续表

按　　键	功　　能
nx	删除光标当前 n 个字符(n 为数字)
X	删除光标当前位置的前一个字符(Backspace)
nX	删除光标当前位置的前 n 个字符(n 为数字)
dd	删除一行(光标所在行)
ndd	删除 n 行(n 为数字)
d$	删除光标至行尾的内容
J	删除换行符,可以将两行合并为一行
u	撤销上一步操作,可以多次使用
yy	复制当前行(光标所在行)
nyy	复制 n 行(n 为数字)
yw	复制光标所在之处到字尾的字符
nyw	复制 n 个字(n 为数字)
p	粘贴至当前行之后(小写字母 p)
P	粘贴至当前行之前(大写字母 P)
r	替换光标所在处的字符
R	替换光标所到之处的字符,直到按下 Esc 键为止
Ctrl+G	列出光标所在位置

5.6.5　查找与替换

1. 查找

在编辑长文档时,可以通过查找功能快速定位要找的内容。查找命令的功能描述如表 5-6 所示。

表 5-6　查找命令

指　　令	功 能 描 述
/string	从光标开始处向下查找内容为 string 的内容
?string	从光标开始处向上查找内容为 string 的内容
n	继续查找下一个字符串
N	在反方向上继续查找下一个字符串

查找通常是区分大小写的,如果希望 vi 在查找过程中忽略大小写,则可输入 set ic。要使其变回默认状态,则可以输入 set noic。

　　某些特殊字符(/&!.^ * $\?)对查找过程有特殊意义,因此如果要在文档中查找这些字符,必须对字符进行转义。转义一个特殊字符,需要在该字符前面加一个反斜杠(\)。例如,要查找字符串 anything?,则需要输入"/anything\?"命令,再按 Enter 键。

　　在 vi 中用户可以在字符串中加入如表 5-7 所示的特殊字符,从而使查找结果更加精确。

表 5-7　特殊字符

字　　符	功 能 描 述
^	匹配行首,字符串要以^开头
$	匹配行尾,字符串要以 $ 结束
\<	匹配词首,在字符串的串首输入 \<
\>	匹配词尾,在字符串的串尾输入 \>
.	匹配任意字符,在字符串的要匹配的位置输入一个点(.)

　　例如,要查找一个以 China 为行首词的行,则可以输入/^China;要查找一个以 China 为行尾词的行,则可以输入/China $ 。

2. 替换

　　替换字符串是以查找为基础的,用于查找的特殊匹配字符都可以被用于替换。替换时要指定替换的范围。

　　替换命令的格式如下。

```
[range]s/pattern1/ pattern2/[c,e,g,i]
```

　　具体功能描述如表 5-8 所示。

表 5-8　替换命令

字　　符	功 能 描 述
range	替换的范围$(1,n)$,1 和 n 指行号,n 为 $ 时指最后一行
s	表示搜索,替换命令
pattern1	要被替换的字符串
pattern2	将替换为的字符串
c	表示每次替换前询问是否替换;y 表示确认替换,n 表示拒绝替换,a 表示确认替换文件所有的字符串,q 表示退出替换操作,返回命令模式
g	不加 g,表示只对搜索字符串的首次出现都进行替换
	g 放在命令末尾,表示对搜索字符串的每次出现都进行替换
e	不显示 errors
i	不分大小写

　　示例如下。

```
:1,$s/pattern1/pattern2/g
```

这段代码表示将文档中从第 1 行至结尾所有的字符串 pattern1 替换为字符串 pattern2。

5.7　安全防护

5.7.1　系统服务

Linux 系统服务也可称为守护进程(daemon),它是一类在后台运行的特殊进程,用于执行特定的系统任务。很多守护进程在系统引导启动时会被自动加载,并在系统关闭时自动被结束。在 Linux 启动过程中可以看到很多"Starting …"提示信息,该类信息表示正在启动某个系统服务,而在 Linux 退出时也能够看到相应的"Stopping …"信息,表示系统服务正在被结束。

init 是系统中第一个启动的、最重要的守护进程。init 会持续工作,保证启动和登录顺利进行,并且适时地"杀死"那些没有响应的进程。

CentOS 提供了一个系统服务管理程序 ntsysv,该程序可以方便地进行系统服务开启/关闭设置。ntsysv 具有互动式的类图形操作界面,用户可以轻易地利用方向键和空格键等开启/关闭系统的各种服务。

启动系统服务管理程序 ntsysv 的方法有下列两种。

方法一如下。

```
#ntsysv                    #直接输入命令 ntsysv
```

方法二如下。

```
#setup                     #输入命令 setup,调出配置工具窗口
```

然后即可移动光标选择 system services。

系统服务管理界面如图 5-20 所示。它中间列表中列出了系统可以默认启动的服务,前方中括号内显示星号(＊)代表默认开机时会启动此项服务,否则不予启动。用户可以使用上/下方向键移动中括号内的光标到想要更改的服务上,然后按下空格键以选择或取消自启动状态。系统服务设置完毕后,使用 Tab 键可以移动光标到 Ok 或 Cancel 按钮上以确认/取消当前的设置。常用的设置快捷键功能如表 5-9 所示。

表 5-9　设置快捷键

按　　键	功　　能
↑ ↓	在各个服务之间移动
空格键	选择/取消某个服务
Tab 键	在服务列表、Ok 按钮、Cancel 按钮之间移动
F1	显示所选服务的说明信息

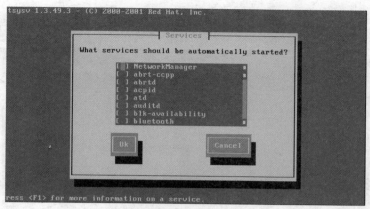

图 5-20　ntsysv 图形管理界面

此外,用户还可以使用 chkconfig、ntsysv 等命令管理系统服务,详细的使用方法将在后续章节里介绍。

5.7.2　防火墙

Linux 为了增强系统安全性还提供了防火墙保护功能。防火墙存在于计算机和网络之间,用来判定网络中的远程用户有权访问内部主机上的哪些资源。Linux 防火墙其实是操作系统本身所自带的一个功能模块。通过安装特定的防火墙内核,Linux 操作系统会对接收到的数据包按一定的策略进行处理。而用户所要做的就是使用特定的配置软件(如 iptables)定制适合自己的"数据包处理策略"。一个正确配置的防火墙可以极大地增强系统安全性。

CentOS 提供了防火墙配置界面,用户可以方便地开启或关闭防火墙。具体方法如下。

(1) 输入命令 setup,调出配置工具窗口,如图 5-21 所示。移动光标到 Firewall configuration 选项,单击 Run Tool 按钮,进入防火墙配置界面。

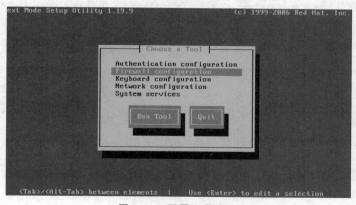

图 5-21　配置工具窗口

（2）Firewall 设置行的中括号内显示星号（＊）代表开启防火墙（Enabled），否则表示关闭防火墙，如图 5-22 所示。用户可以通过空格键控制防火墙的开启或关闭。

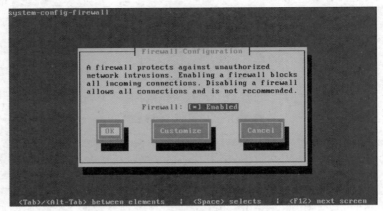

图 5-22　防火墙配置界面

（3）若防火墙处于开启状态，那么用户可以单击 Customize 按钮，进行防火墙自定义配置，如图 5-23 所示。

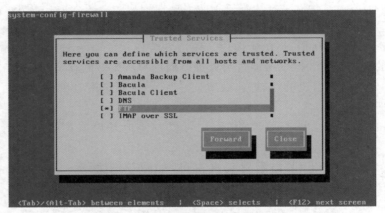

图 5-23　防火墙自定义配置

（4）使用上/下方向键移动到想要开放或关闭的服务端口上，然后按下空格键进行设置。配置好后，单击 Forward 按钮继续设置，直到最后关闭保存即可。

防火墙的配置信息被保存在/etc/sysconfig/iptables 配置文件中。因此，用户还可以使用修改配置文件的方法管理防火墙，详细配置方法将在后续章节再介绍。

5.7.3　SELinux

SELinux（security-enhanced Linux）是一种基于域-类型（domain-type）模型的强制访问控制（mandatory access control，MAC）安全系统，它由美国国家安全局编写并被设计成内核模块包含到内核中，相应的某些安全相关的应用也被打了 SELinux 的补丁，最后还有一个相应的安全策略。因此，SELinux 可以被理解为是加强安全型的 Linux。

SELinux 支持 3 种运行模式，分别如下。

- enforcing：强制模式，任何违反策略的行为都会被禁止，并且产生警告信息。
- permissive：允许模式，违反策略的行为不会被禁止，只产生警告信息。
- disabled：关闭 SELinux。

SELinux 模式可以通过修改/etc/selinux/config 配置文件实现。在命令行输入命令"vi /etc/selinux/config"打开 SELinux 配置文件，修改 SELinux 行对应的模式取值即可，如图 5-24 所示。设置好后，需要重新启动系统才能生效。

```
# This file controls the state of SELinux on the system.
# SELINUX= can take one of these three values:
#     enforcing - SELinux security policy is enforced.
#     permissive - SELinux prints warnings instead of enforcing.
#     disabled - No SELinux policy is loaded.
SELINUX=enforcing
# SELINUXTYPE= can take one of these two values:
#     targeted - Targeted processes are protected,
#     mls - Multi Level Security protection.
SELINUXTYPE=targeted
```

图 5-24　SELinux 配置文件

5.8　常见命令

5.8.1　目录及文件基本操作

1. 显示当前目录命令(pwd)

命令格式如下。

```
pwd [-L|-P]
```

功能描述：全称 print working directory，显示当前工作目录的绝对路径名称。

pwd 命令选项功能描述如表 5-10 所示。

表 5-10　pwd 命令选项功能描述

参　数	描　述
-L(logical)	当目录为链接路径时，显示链接路径
-P(physical)	显示实际物理路径，而非链接路径

示例如下。

```
#cd /etc/init.d                  #进入当前工作目录/etc/init.d
#pwd                             #显示当前工作目录
/etc/init.d
#pwd -L                          #显示当前工作目录的链接路径
/etc/init.d
#pwd -P                          #显示当前工作目录的物理路径
/etc/rc.d/init.d
```

2. 改变目录命令(cd)

命令格式如下。

```
cd [目录名]
```

功能描述：全称 change directory,切换当前工作目录。
示例如下。

```
#cd 或 cd ~              #切换至当前用户的主目录
#cd /                   #切换至根目录
#cd /usr/bin            #切换工作目录至/usr/bin
#cd ..                  #返回当前目录的上一级目录
#pwd
/usr
```

3. 列出目录内容命令(ls)

命令格式如下。

```
ls [选项] [文件/目录] …
```

功能描述：全称 list,显示目录与文件信息。
ls 命令选项功能描述如表 5-11 所示。

表 5-11　ls 命令

参　　数	描　　　述
-a	显示目录下的所有文件信息,包括以.开头的隐含文件
-d	显示目录本身的信息,而非目录下的文件信息
-l	以长格式显示详细信息
-h	人性化地显示容量信息
-t	以修改时间排序(默认按文件名称排序)
-c	显示文件或目录的最后修改时间
-u	显示文件或目录最后被访问的时间

示例如下。

```
#ls              #显示当前目录下的子文件与目录名称
#ls /etc         #显示/etc目录下的子文件与目录名称
#ls -d /etc      #显示/etc目录自身的详细信息
#ls -a           #查看当前目录下所有的文件与目录
#ls -lt          #查看当前目录下文件的详细信息并以修改时间排序
```

4. 创建文件命令(**touch**)

命令格式如下。

```
touch 文件名
```

功能描述：创建或修改文件时间。
示例如下。

```
#touch abc.txt
```

若 abc.txt 文件不存在,则创建该文件;若文件已存在,则更新文件所有的时间戳为当前系统时间。

5. 创建目录命令(**mkdir**)

命令格式如下。

```
mkdir [选项] 目录…
```

功能描述：在指定位置创建目录。
mkdir 命令选项功能描述如表 5-12 所示。

表 5-12　mkdir 命令

参　　　数	描　　　述
-m	设定目录权限,类似 chmod
-p	创建多级目录
-v	每次创建新目录都显示信息

示例如下。

```
#mkdir test1                    #创建一个名为 test1 的目录
#mkdir -p /tmp/test2/abc        #创建一个完整的子目录
```

6. 复制命令(**cp**)

命令格式如下。

```
cp [选项] 源文件/目录 目标文件/目录
```

功能描述：用来复制文件或目录,可将源文件复制至目标文件,或将多个源文件复制至目标目录。
cp 命令选项功能描述如表 5-13 中所示。

表 5-13 　cp 命令

参数	描　　述
-a	递归地将源文件或目录中的内容都复制到目标目录,并保留文件属性及链接不变,其作用等效于-dpr 选项组合
-d	复制时保留文件链接
-f	强制复制,在覆盖已经存在的目标文件时不给出提示(系统默认设置)
-i	交互式复制,在覆盖目标文件之前要求用户输入 y 确认
-l	对源文件建立硬链接,而非复制文件
-s	对源文件建立符号链接,而非复制文件
-p	保留源文件或目录的属性(包括所有者、所有者所属用户组、权限和建立或修改时间)
-r	递归地将源文件或目录中的内容都复制到目标目录

示例如下。

```
#cp /etc/hosts /tmp/          #复制文件/etc/hosts 至/tmp 目录下
#cp /etc/hosts /tmp/host      #复制文件/etc/hosts 至/tmp 目录下并将之改名为 host
#cp -r /usr/bin/ tmp/         #复制目录/usr/bin 至/tmp/目录下
#cp file1.txt file2.txt /tmp/ #复制两个文件 file1.txt 和 file2.txt 至/tmp/目录下
```

7. 删除命令(rm)

命令格式如下。

```
rm [选项] 文件/目录
```

功能描述：删除文件或目录。

rm 命令选项功能描述如表 5-14 所示。

表 5-14 　rm 命令

参　　数	描　　述
-i	进行交互式删除,删除时提示用户输入 y 确认
-f	强制删除,不给出相应提示
-r	递归地删除整个目录

示例如下。

```
#rm file1.txt          #删除 file1.txt 文件
#rm -rf test1          #删除 test1 目录且不提示
#rm -r *               #删除当前目录下所有文件、目录及子目录
```

8. 删除目录命令(rmdir)

命令格式如下。

```
rmdir [选项] 目录
```

功能描述：删除空目录。

rmdir 命令选项功能描述如表 5-15 所示。

表 5-15　rmdir 命令

参　　数	描　　述
-p	递归删除目录，当子目录删除后其父目录为空时，也将之一并删除

示例如下。

```
#rmdir /tmp/test2          #删除/tmp 下的 test2 目录
#rmdir -p dir1/a dir2/b    #删除 a 目录，若删除后其父目录 dir1 也为空，则将之一并删除；
                           #同时，删除 b 目录，若删除后其父目录 dir2 也为空，则将之一
                           #并删除
```

9. 移动/重命名命令（mv）

命令格式如下。

```
mv [选项] 源文件/目录 目标文件/目录
```

功能描述：移动（重命名）文件或目录。

mv 命令选项功能描述如表 5-16 所示。

表 5-16　mv 命令

参　　数	描　　述
-i	交互式操作，若目标文件或目录与源文件或目录同名，则要求确认
-f	强制操作，若目标文件或目录与源文件或目录同名，则直接覆盖现有的文件或目录

示例如下。

```
#mv abc.txt /tmp           #将 abc.txt 文件移至/tmp 目录下
#mv abc.txt hello.doc      #将 abc.txt 文件改名为 hello.doc
```

10. 查找命令（find）

命令格式如下。

```
find [选项] [路径] [表达式]
```

功能描述：搜索文件或目录。

find 命令选项功能描述如表 5-17 所示。

表 5-17　find 命令

参　　数	描　　述
-empty	查找空白文件或目录
-group	按组查找
-name	按名称查找
-iname	按名称查找,不区分大小写
-size	按容量大小查找
-type	按档案类型查找,参数值为文件(f)、目录(d)、设备(b,c)、链接(l)等
-user	按文件属主查找
-exec	对找到的档案执行命令
-a	并且
-o	或者

其中,档案指的是文件或目录。

示例如下。

```
#find -name hello.doc        #查找当前目录下名为 hello.doc 的档案
#find / -empty               #查找计算机中所有的空文档
#find /usr/bin/ -type f      #查找 /usr/bin 目录下的所有普通文件
#find / -size +10M           #查找计算机中大于 10MB 的档案
```

5.8.2　查看文件内容

1. 查看文本文件命令(cat)

命令格式如下。

```
cat [选项] 文件名
```

功能描述：查看文件内容(通常是文本文件),并可进行文件合并。

cat 命令选项功能描述如表 5-18 所示。

表 5-18　cat 命令

参　　数	描　　述
-b	显示行号,空白行不显示行号
-n	显示行号,包括空白行

示例如下。

```
#cat /etc/inittab       #查看/etc下的 inittab 文件
#cat -n file1.txt >file2.txt
                     #将 file1.txt 文件的内容加上行号后写入 file2.txt 文件中
#cat file1.txt file2.txt >file3.txt
              #将文件 file1.txt 和文件 file2.txt 按顺序合并成文件 file3.txt
```

2. 分页查看命令(more)

命令格式如下。

```
more 文件名
```

功能描述:分页查看文件内容,按空格键向下翻动一页,按 Enter 键向下滚动一行,按 q 键则退出查看。
示例如下。

```
#more /etc/inittab        #分页查看/etc 目录下的 inittab 文件
```

3. 分页可控制查看命令(less)

命令格式如下。

```
less 文件名
```

功能描述:分页查看文件内容,按空格键向下翻动一页,上/下方向键向上/下回翻,按 q 键则退出查看。
示例如下。

```
#less /root/install.log         #分页查看/root 目录下的 install 文件
```

4. 查看文件开头命令(head)

命令格式如下。

```
head [选项] 文件名
```

功能描述:查看文件的头部内容,默认显示前 10 行。
head 命令选项功能描述如表 5-19 所示。

表 5-19　head 命令

参　　数	描　　述
-c nK	显示文件前 nKB 的内容
-n	显示文件前 n 行的内容

示例如下。

```
#head -c 2K /root/install.log        #显示文件前 2KB 的内容
#head -20 /root/install.log          #显示文件前 20 行的内容
```

5. 查看文件结尾命令（tail）

命令格式如下。

```
tail [选项] 文件名
```

功能描述：查看文件的尾部内容，默认显示末尾 10 行。

tail 命令选项功能描述如表 5-20 所示。

表 5-20　tail 命令

参　　数	描　　述
-c nK	显示文件末尾 nKB 的内容
+n	从第 n 行以后开始显示
-n	从距文件尾 n 行处开始显示
-f	动态显示文件内容，按 Ctrl＋C 组合键退出

示例如下。

```
#tail -c 2K /root/install.log        #显示文件末尾 2KB 的内容
#tail -20 /root/install.log          #显示文件末尾 20 行的内容
#ping 10.0.1.1 >test.log&            #在后台 ping 远程主机，并输出到 test.log 文件
#tail -f /test.log                   #实时动态查看文件内容
```

6. 查找文件内容命令（grep）

命令格式如下。

```
grep [选项] 匹配模式 文件名
```

功能描述：查找特定的关键词。

grep 命令选项功能描述如表 5-21 所示。

表 5-21　grep 命令

参　　数	描　　述
-i	忽略字符大小写
-v	取反匹配，显示不包含匹配文本的所有行
-w	匹配单词
--color	显示颜色

示例如下。

```
#grep he test1.txt          #在 test1.txt 文件中查找包含 he 的行
#grep -i num test1.txt      #查找包含 num 的行(不区分大小写)
#grep -w the test1.txt      #查找单词 the(不包含 they)
#grep --color he test1.txt  #让匹配的关键词显示颜色
```

5.8.3　路径

当在任一目录下使用"ls -a"命令列出其全部的文件(包括隐藏文件)时,可以看到排在前面的两个文件是"."和"..",如图 5-25 所示。这两个文件是系统在建立每个目录时自动创建的目录文件。对于根目录,它们都代表根目录自身;而对于其他目录,"."代表该目录自身,".."则代表该目录的父目录。因此,在执行下列两个不同的 cd 命令时,效果是不同的。

```
#cd .      还是处在原来的目录(工作目录未变)
#cd ..     回到了上一级目录,即父目录
```

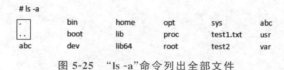

图 5-25　"ls -a"命令列出全部文件

工作目录就是用户当时所处的目录。只要用户登录到 Linux 系统中,那么他每时每刻都处于某个目录之中,这个目录就是该用户的工作目录或当前目录。因此,"."也就是用户当前的工作目录。

用户主目录通常是系统管理员为系统添加用户时为用户创建的目录(以后也可以改变)。每个用户都有自己的主目录,不同用户的主目录一般互不相同。当用户刚登录到系统中时,其工作目录就是该用户主目录。用户主目录名通常与用户的登录名相同。root用户的主目录是/root,普通用户的主目录默认在/home 目录下以用户名为名的目录中,即"/home/用户名"。字符"～"表示引用用户的主目录,因此,用户可以使用"cd ～"命令切换到该用户的主目录。

理解了工作目录和用户主目录的概念,那什么是路径呢？ 路径是指从树形目录中的某个目录层次到某个文件的一条道路。路径的主要构成是目录名,中间用斜杠"/"分开。

任一文件在文件系统中的位置都是由相应的路径决定的。用户在对文件进行访问时,要给出文件所在的路径,只有这样才能准确地找到文件。

Linux 系统中路径分为绝对路径和相对路径两种。

(1) 绝对路径是指从根目录"/"开始到指定文件的路径,也称为完全路径。

(2) 相对路径是指从用户工作目录开始到指定文件的路径。

在树形目录结构中到某一确定文件的绝对路径和相对路径均只有一条。绝对路径是确定不变的,而相对路径则会随着用户工作目录的变化而不断地变化。用户在对文件进行访问时,可根据需要选择绝对路径或相对路径。

例如,假设 root 用户主目录下有一个名为 doc 目录,该目录中存有若干个文件,其中一个名为 file.txt。此时,若用户的工作目录就是主目录,那么,若用户要查看 doc 目录下的 file.txt 文件的内容,可以使用以下 3 种方法。

方法一如下。

```
#cd doc              #先将工作目录切换到/root/doc
#cat file.txt        #再查看 file.txt 文件内容
```

方法二如下。

```
#cat /root/doc/file.txt      #执行 cat 命令,给出从根目录开始到 file.txt 文件的绝对
                             #路径
```

方法三如下。

```
#cat doc/file.txt    #执行 cat 命令,给出从用户当前工作目录开始到 file.txt 文件的相
                     #对路径
```

以上 3 种方法比较起来,显然第 3 种最简单。

5.8.4　链接文件

Linux 支持在文件之间创建链接,实际上是给系统中的某个文件指定另外一个可用于访问的名称。如果链接指向目录,用户就可以利用该链接直接进入被链接的目录,而不用输入完整的路径名,并且即使删除这个链接也不会破坏原来的目录。

命令格式如下。

```
ln [选项] 源文件或目录 链接名或目录
```

功能描述:在文件之间建立链接。

ln 命令选项功能描述如表 5-22 所示。

表 5-22　ln 命令

参　数	描　述
-s	建立符号链接(软链接)
-f	强行建立文件或目录的链接,不论文件或目录是否存在
-i	交互式地建立文件或目录的链接,覆盖已有文件之前会先询问用户

1. 硬链接

硬链接(hard link),又称为固定链接。Linux 系统中使用 i 结点(索引结点)来记录文件信息。i 结点是一个数据结构,它包含了文件所有者标识、文件类型、创建及修改时间、权限、文件在磁盘中的物理地址及文件链接数等诸多属性信息。文件目录中的一个目录项只保存一个文件的文件名和 i 结点号,通过某个文件中 i 结点号可找到该文件的 i 结

点,而通过 i 结点中保存的文件物理地址也就可以知道该文件在磁盘中的存放位置,如图 5-26 所示。

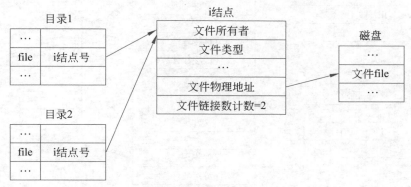

图 5-26　硬链接

建立一个硬链接就相当于在某个目录中新建一个文件目录项,填入文件名并将它的 i 结点号指向源文件的 i 结点,再将 i 结点中的文件链接数计数值加 1。所以,源文件和链接文件有相同的 i 结点号。在访问这两个文件中的任意一个时,实际上就是访问同一个文件。需要注意的是,建立硬链接时,链接文件和被链接文件必须位于同一个文件系统中。默认情况下,ln 命令将产生硬链接。

示例如下。

```
#ls -il file1.txt              #查看 file1 文件的 i 结点号及详细信息
1356  -rw-r--r--. 1 root 0 Mar 30 01:30 file1.txt
#ln file1.txt /home/file2.txt  #给 file1 文件建立链接
#ls -il /home/file2.txt        #查看 file2 文件的 i 结点号及详细信息
1356  -rw-r--r--. 2 root 0 Mar 30 01:32 /home/file2.txt
```

其中,1356 为文件的 i 结点号,可见 file1.txt 和 file2.txt 的 i 结点号相同,链接前链接数计数为 1,执行链接后链接数计数加 1,变为 2。

2. 软链接

软链接又称为符号链接(symbolic link)。软链接就相当于新建了一个文件,在新文件中保存被链接文件(源文件)的路径名。在访问链接文件时,可以通过在该文件中保存的源文件路径名找到源文件,从而实现访问,如图 5-27 所示。

建立软链接时,需要使用带-s 参数的 ln 命令。示例如下。

```
#ls -il file1                  #查看 file1 文件的 i 结点号及详细信息
1359  -rw-r--r--. 1 root root0 Mar 30 01:35 file1
#ln -s file1 /home/file1       #给 file1 文件建立链接
#ls -il /home/file1            #查看/home/file1 文件的 i 结点号及详细信息
3811599  lrwxrwxrwx. 1 root root 5 Mar 30 01:37 /home/file1->file1
```

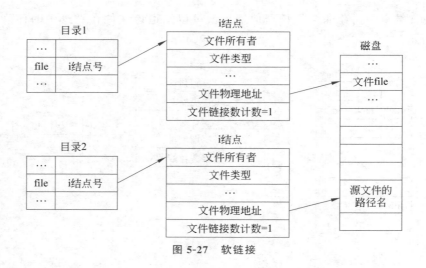

图 5-27 软链接

可见,建立了软链接的两个文件它们的 i 结点号不同,且文件属性中的链接数值仍为 1,但是链接文件中保存找到源文件(被链接文件)的路径。

5.8.5 压缩及解压

压缩文件及解压缩文件的命令共有 3 个,包括 gzip、bzip2 和 tar。

1. gzip 命令

gzip 命令格式如下。

```
gzip [选项] 压缩文件名/解压缩文件名
```

功能描述:对文件进行压缩和解压缩。使用该命令后,生成的压缩文件的扩展名为 gz,该命令还可以对扩展名为 gz 的文件进行解压缩。

gzip 命令选项功能描述如表 5-23 所示。

表 5-23   gzip 命令

参　数	描　述
-c	把压缩后的文件输出到标准输出设备,并保留原始文件
-d	解压缩文件
-l	列出压缩文件的相关信息
-r	递归处理,将指定目录下的所有文件及子目录一并处理
-t	测试压缩文件是否正确无误
-v	显示指令执行过程
-num	num 是一个 1~9 的数值,预设值为 6,指定的数值越大,压缩效率就会越高

示例如下。

```
#gzip test.txt          #将当前目录下的 test.txt 文件压缩成.gz 文件
#gzip -d test.txt.gz    #将 test.txt.gz 压缩文件解压
```

2. bzip2 命令

bzip2 命令格式如下。

```
bzip2 [选项] 压缩文件名/解压缩文件名
```

功能描述：对文件进行压缩和解压缩。bzip2 命令采用了新的压缩算法，比 gzip 命令的压缩率更高。若没有加上任何参数，bzip2 命令压缩完后会生成.bz2 压缩文件，并删除原始文件。

bzip2 命令选项功能描述如表 5-24 所示。

表 5-24　bzip2 命令

参　　数	描　　述
-c	把压缩与解压缩的结果输出到标准输出设备
-d	解压缩文件
-k	保留原始文件
-z	强制执行压缩

示例如下。

```
#bzip2 test.txt         #将当前目录下的 test.txt 文件压缩成.bz2 文件
#bzip2 -d test.txt.gz   #将 test.txt.bz2 压缩文件解压
```

3. tar 命令

tar 命令格式如下。

```
tar [选项] 文件/目录名
```

功能描述：对文件和目录进行打包。tar 命令可以将多个文件和目录打包成一个文件，并保留原来的文件。

tar 命令选项功能描述如表 5-25 所示。

表 5-25　tar 命令

参　　数	描　　述
-c	建立新的打包文件
-t	显示打包文件中的文件列表

续表

参　　数	描　　述
-x	从打包文件中解压文件
-f ＜包文件名＞	定义打包的文件名
-z	通过 gzip 打包文件,与"-x"联用时调用 gzip 完成解压缩
-v	显示命令的执行过程

示例如下。

```
#tar -cf bf.tar /mnt/dir    #将/mnt/dir 目录下的文件和子目录备份到 bf.tar 压缩包文件中
#tar -tf bf.tar             #显示 bf.tar 里的压缩包文件
```

注: tar 命令在使用时,参数 c、x、t 每次只能用一个,不可同时使用。

5.8.6　命令使用技巧

在使用 Linux 系统过程中,用户可使用手册文档命令(man)、帮助信息命令(help)、历史命令(history)、清屏命令等帮助自己提高工作效率。前两个命令在前面章节中已经介绍,此处不再赘述。

1. 历史命令

CentOS 默认会记录 1000 条命令的执行历史记录(history)。history 命令可以显示这些所有的历史命令记录,具体用法及功能描述如表 5-26 所示。

表 5-26　history 命令

命　　令	功 能 描 述
history	显示全部历史命令记录
history n	n 为数字,显示之前执行过的 n 条命令
history -c	清空所有的历史命令
history -w	将历史命令记录写入列表中(用户目录下的.bash_history 文件)

其中,将历史命令记录写入列表命令 history -w 还支持由用户自行指定写入的文件。例如,history -w /a.txt 表示将历史命令记录写入到根下的 a.txt 文本文件中。

2. 清屏

1) clear 命令

clear 命令将会刷新屏幕,本质上只是让终端显示页向后翻了一页,如果向上滚动屏幕还可以看到之前的操作信息。一般清屏常用这个命令。

2）reset 命令

reset 命令将完全刷新终端屏幕,之前的终端输入操作信息将都会被清空,但整个命令过程速度有点慢,使用较少。

3）Ctrl+L 组合键

按 Ctrl+L 组合键清空整个屏幕,保留历史记录。

第6章 Linux 用户管理

6.1 用户账户的类型和管理

在 Linux 系统中,用户是身份的象征,使用者必须以某一个用户身份操作系统,实际上这就对应用户登录系统时的账号。而用户组则是一些用户的集合,管理员可以通过用户组划分和统一管理某些用户。例如,使用微信发一条朋友圈,若只想给部分人看,难道发的时候还要一个个去勾选所有的人?这未免太麻烦了。为了解决这个问题,微信里面就有了标签的概念,可以让用户事先将微信好友以标签的方式分类,发朋友圈的时候就可以直接勾选某个标签以设置朋友的可见范围,操作起来简单高效。这就是用户组的概念,将某些人分组和归类,到时候只需要指定类别或组别就可以找到这些人,而不用一个个人对号入座,这可以节省大量时间。

在 Linux 中,用户是可以属于多个组的,一个组也可以包含多个用户,本章学习有关用户和用户组的相关知识。通过学习本章,读者可以认识到系统管理员的权限大,责任更大。在工作岗位上,工作人员应各司其职,各尽其责,爱岗敬业,严守各项保密制度。

Linux 是个多用户、多任务的操作系统,允许多个用户同时使用。任何一个要使用系统资源的用户都必须先向系统管理员申请一个账号,然后以这个账号的身份进入系统。用户的账号一方面能帮助系统管理员对用户的行为进行跟踪,并控制他们对系统资源的访问;另一方面也能帮助用户组织文件,并为用户提供安全性保护。每个用户账号都拥有唯一的用户名和用户口令。用户在登录时需输入正确的用户名和口令后才能进入系统。

6.1.1 用户账户的类型

Linux 系统有 3 种类型的用户账户,包括 root 用户、普通用户和系统用户。

1. root 用户

root 用户也可以称为超级用户、系统管理员。root 是系统中唯一的超级用户,具有系统中所有的权限,可以访问、管理任何文件和资源,可以执行任何命令。如启动或停止一个进程,删除或增加用户,增加或者禁用硬件等,它相当于 Windows 系统中的 Administrator。

root 用户是在系统安装时自动创建的,并由安装用户设定其口令。使用 root 用户账户登录后,系统提示符为"♯"。

2. 普通用户

普通用户也就是一般用户,其使用受限的系统权限。在 Linux 系统中管理员可以创建很多普通用户。创建时,系统会默认地为其指定相应的权限,使其能有限地使用 Linux

系统。普通用户对大部分系统目录及文件都没有写入的权限,也不允许修改其他用户的文件。此外,用于系统管理的大部分命令也不允许普通用户执行。使用普通用户账户登录后,系统提示符为"＄"。

3. 系统用户

系统用户是 Linux 系统中一类特殊的用户,主要是用于完成某些系统管理或服务任务。与 root 用户和普通用户不同,这类用户账户是不能由自然人类用户登录的。Linux 中的每个程序都需要有用户账号运行,一些对外提供服务的程序为了实现安全隔离,就会由非 root 账号运行。这些非 root 账号专门用于运行程序,它就是系统账号。在 Linux 系统初始化安装后,仅存在 root 用户和一些系统用户,而普通用户则是由 root 用户手动创建的。

6.1.2　用户账户的管理

1. 用户管理器(User Manager)

在图形界面中,管理员可以使用用户管理器(User Manager)直观地管理用户账户。在菜单栏中选择菜单命令 System｜Administration｜Users and Groups,打开 User Manager 对话框,如图 6-1 所示。

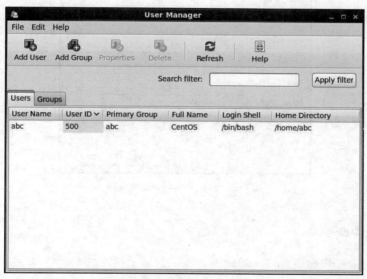

图 6-1　User Manager 对话框

Add User 按钮用于在 Add New User 对话框中新建用户账户,如图 6-2 所示。

Properties 按钮用于在 User Properties 对话框中修改用户账户的属性。如在 User Data 选项卡中可修改用户账户的用户名、全称、口令、主目录和登录 shell,如图 6-3 所示。对用户账户的属性设置信息会被保存在/etc/passwd 和/etc/shadow 文件中。

Delete 按钮用于删除选中的用户账户。

图 6-2　Add New User 对话框

图 6-3　User Properties 对话框

2. 用户账户命令

1）添加用户账户命令(useradd)

命令格式如下。

```
useradd [选项] 用户账户名
```

功能描述：在系统中添加一个用户账户。

useradd 命令选项功能描述如表 6-1 所示。

表 6-1　useradd 命令

参　　数	描　　述
-c ＜全称/备注＞	指定用户的全称或一段注释性描述
-d ＜主目录＞	指定用户主目录，取代默认的用户主目录(/home/用户账户名)
-e ＜日期＞	指定账户的过期日期，其格式为 YYYY-MM-DD
-f ＜天数＞	指定账户不活跃的天数，即从用户口令过期之日到账户被完全禁用之间间隔的天数
-g ＜用户组名＞	指定用户所属的私有用户组。若不指定，则用户组名就是该用户名
-G ＜用户组名＞	指定用户所属的附加用户组。若指定多个附加用户组，每个附加用户组之间须用逗号分隔
-s ＜shell 名＞	指定用户的登录 shell，取代默认的/bin/bash
-m	若主目录不存在，则创建它
-p	设置加密的口令

示例如下。

```
#useradd -d /tom tom          #添加一个名为 tom 的用户账户，并将其主目录设为/tom
#tail -1 /etc/passwd          #查看用户信息
tom:x:502:502::/tom:/bin/bash
```

2) 修改用户账户属性命令(usermod)

命令格式如下。

```
usermod [选项] 用户账户名
```

功能描述：修改已有的用户账户的属性。

usermod 命令选项功能如表 6-2 所示。

表 6-2　usermod 命令

参　　数	描　　述
-l	设置新用户账户名，即用户登录名(login)，已登录的用户账户不能被修改
-L	锁定用户账户，使其不能登录系统
-U	对已锁定的用户账户解锁，使其能正常登录系统
…	其他选项与 useradd 命令的选项相同

示例如下。

```
#usermod -l john tom          #将 tom 用户账户名修改为 john
#tail -1 /etc/passwd          #在 passwd 文件中查看用户信息
john:x:502:502::/tom:/bin/bash
```

3）删除用户账户命令（userdel）

命令格式如下。

```
userdel [选项] 用户账户名
```

功能描述：删除指定的用户账户。已登录的用户账户不能直接被删除。

userdel 命令选项只有一个(-r)，表示同时删除该用户账户主目录下的所有文件及目录。

示例如下。

```
#grep john /etc/passwd            #在 passwd 文件中查找到用户账户 john 的信息
john:x:502:502::/tom:/bin/bash
#userdel john                     #删除用户账户 john
#grep john /etc/passwd            #在 passwd 文件中已没有用户账户 john 的信息
```

4）设置用户账户口令命令（passwd）

命令格式如下。

```
passwd [选项] 用户账户名
```

功能描述：维护用户账户的登录口令。

passwd 命令选项功能描述如表 6-3 所示。

表 6-3　passwd 命令

参　数	描　　　述
-d	用于删除指定用户账户的口令，使该用户账户不能登录系统。如要恢复该用户登录，需重新设置口令
-l	用于锁定指定的用户账户
-u	用于解除指定用户账户的锁定状态
-S	用于查询指定用户账户的口令状态

示例如下。

```
#useradd andy                     #添加一个名为 andy 的用户账户
#passwd andy                      #为用户账户 andy 创建口令
Changing password for user andy.
New password:                     #输入新的口令
Retype new password:              #再次输入新的口令以确认该口令
passwd:all authentication tokens updated successfully.
                                  #口令设置成功信息
#grep andy /etc/shadow            #在 shadow 文件中查找用户口令信息
andy:$1$4dXqh059$iWk0/G3QhgcAnuzsgsIlh1:16527:0:99999:7:::
                                  #方框内为经加密处理后的口令
```

5）用户间切换命令（su）

命令格式如下。

```
su [选项] 用户账户名
```

功能描述：su 命令可以让用户暂时变更登录的身份。变更时需输入所要变更的用户账户名与密码。

su 命令选项功能描述如表 6-4 所示。

表 6-4　su 命令

参　　数	描　　述
-	单独使用"-"，如"su -"，代表使用 login-shell 的变量文件读取方式以登录系统
-l	与"-"类似，但后面需要加上要切换的用户账户名
-m/-p	执行时不改变环境设置
-c	切换用户账户后，仅执行一次命令后，再变回原用户账户

示例如下。

```
#su andy        #由 root 用户切换为 andy 用户账户
$ whoami        #查看当前登录的用户名
andy
```

3. 编辑用户账户配置文件

前面介绍了使用用户管理器（User Manager）和使用命令两种管理用户账户的方法，这两种方法都会把设置结果保存在/etc 目录下的 passwd、shadow 等几个配置文件中，而 Linux 系统正是通过这些文件实现对用户的管理的。由于这些配置文件都是文本文件，因此，root 用户也可以直接编辑这些文件以完成对用户账户的管理。

1）用户账户配置文件/etc/passwd

passwd 文件中保存着用户账户的基本信息。由于所有用户都对 passwd 文件有读的权限，所以该文件中实际上并未保存用户账户的口令。

系统中每个合法的用户账户都对应该文件中的一行记录。每行记录都定义了一个用户账号的属性。一行记录一般又划分为 7 个字段，用于定义用户账户的不同属性，各字段间"："号分隔。部分字段的内容可以是空的，但仍需用"："号占位以表示这里有一个字段。各字段的描述如表 6-5 所示。

表 6-5　passwd 文件字段说明

字　段　名	描　　述
username	每个用户的标识字符串，即用户登录时所使用的名字
password	出于安全性考虑，在目前的系统中已经不再使用该字段保存用户口令，而用字母 x 填充，真正的口令保存在/etc/shadow 文件中

续表

字 段 名	描　　述
user ID	系统中用于唯一标识用户的数字,CentOS 中 UID 默认从 500 开始,如前例的用户账户 abc 的 UID 为 500
group ID	系统中用于唯一标识用户所属用户组的数字,该数字对应/etc/group 文件中的 GID。CentOS 中 GID 默认与 UID 相同,如前例的用户账户 abc 所属用户组的 GID 为 500
comment	用户的描述信息,通常写入的是用户全名,也可以为空
home directory	用户保存私有信息的目录,也是用户成功登录后的默认目录。root 用户的主目录是/root,其他用户账户的主目录都是/home 目录下以该用户账户命名的目录
shell	用户登录后所使用的 shell,如用户账户 abc 所使用的是/bin/bash

一个典型的 passwd 文件部分内容如下。

```
root:x:0:0:root:/root:/bin/bash            #root 用户账户的信息(UID=0)
bin:x:1:1:bin:/bin:/sbin/nologin           #系统用户账户的信息(UID<500)
shutdown:x:6:0:shutdown:/sbin/halt
abc:x:500:500:CentOS:/home/abc:/bin/bash   #普通用户账户 abc 的信息(UID≥500)
```

2) 用户密码配置文件/etc/shadow

shadow 文件用于存放用户口令等重要信息,所以该文件只有 root 用户可以读取。与 passwd 文件类似,shadow 文件中的每一行记录都定义了一个用户账户的信息,一行记录中一般又被划分为 8 个字段,每个字段也用“:”号分隔。各字段的描述如表 6-6 所示。

表 6-6　shadow 文件字段属性

字段名	描　　述
username	用户账户名,与 passwd 文件中的对应记录相同
password	存放着经过 MD5 算法加密的用户账户口令
lastchg	最后一次修改时间,表示的是从某个时刻起,到用户最后一次修改口令之间的天数
min	最小生存期,表示两次修改口令之间所需的最小天数
max	最大生存期,表示口令保持有效的最大天数
warn	警告时间,表示从系统开始警告用户到用户口令正式失效之间的天数
inactive	账号不活跃的天数,表示在口令过期之后,账户仍能保持有效的最大天数
expire	账号过期日期,给出一个绝对的天数,指定账户的生存期

一个典型的 shadow 文件部分内容如下。

```
root:$1$Um$Ig38bgqZ.0ZEHnMKGpjWR/:16503:0:99999:7:::
                                  #root 用户账户的口令信息
bin: * :15980:0:99999:7:::        #系统用户账户的口令信息
shutdown: * :15980:0:99999:7:::
```

6.2　用户组的类型和管理

用户组（group）是具有某种共同特征的用户集合。同一用户组的用户之间具有相似的特征。每个用户都属于一个或者多个用户组，系统能对一个用户组中的所有用户进行集中管理。如果给一个用户组设置了对某个共享资源的访问权限，那么组中所有的用户都将拥有相同的访问权限。

6.2.1　用户组的类型

Linux 中的用户组有 3 种类型，它们是用户私有组、系统默认组和普通用户组。

1. 用户私有组

用户私有组是创建用户账户时默认生成的与用户登录名一样的用户组。

2. 系统默认组

系统默认组也可称为标准组，是安装系统时系统自动创建的用户组，用于向该组内的用户授予某些特定的访问权限。系统默认组主要有两类：一类是系统和应用服务类（如 mail、news 等），另一类是设备类（如 tty、disk 等）。系统默认组的标识码（GID）为 0～499。

3. 普通用户组

普通用户组是系统管理员创建的组。系统管理员可以将一批用户指定为该组的成员，然后将某些资源的访问权限赋予该组，这样属于该组的所有成员都将具有相同的、对该资源的访问权限。

在 Linux 中，每个用户账户应至少属于一个用户组，这个用户组就是该用户的主要组（又称基本组、属主组），但同时该用户还可以属于其他很多组（被称为附加组）。主要组通常就是用户私有组。

6.2.2　用户组的管理

1. 用户管理器（User Manager）

图形界面里的用户管理器（User Manager）既可以管理用户账户也可以管理用户组。在菜单栏中选择菜单命令 System｜Administration｜Users and Groups 打开 User Manager 对话框，然后选择 Group 选项卡，在该选项卡中即可对用户组进行管理，如图 6-4 所示。

1）创建用户组

单击 Add Group 按钮，打开 Add New Group 对话框，如图 6-5 所示。在 Add New Group 对话框中可以在 Group Name 文本框中输入创建的用户组名。选中 Specify group ID manually 复选框即可手动给新建的用户组指定一个组标识码（GID），也可取消该复选

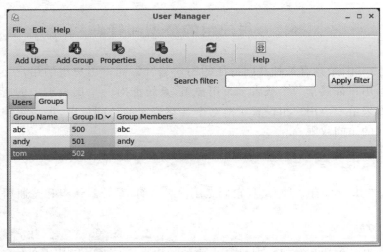

图 6-4   Group 选项卡

框的选中状态,由系统自行指定一个 GID。

用户组账户的数据保存在/etc/group 配置文件中。

2)将用户添加到用户组中

要将用户添加到用户组中,在用户管理器中有两种方法:一是创建/编辑用户账户属性时直接将用户加入到某个或某些用户组中;二是在 Group 选项卡中选中某个用户组,再单击工具栏上的 Properties 按钮,然后在打开的 Group Properties 对话框的 Group Users 选项卡中将用户加入到该组中,如图 6-6 所示。

图 6-5   Add New Group 对话框

图 6-6   Group Users 选项卡

3)删除用户组

在 Group 选项卡中选中某个用户组,再单击工具栏上的 Delete 按钮即可删除选中的用户组。

删除用户组时需要注意,如果该组是某个用户的主要组且该用户还存在,那么就将无法删除该组。

2. 用户组命令

1) 创建用户组命令(groupadd)

命令格式如下。

```
groupadd [选项] 用户组名
```

功能描述：在系统中创建一个新的用户组，该用户组的组标识码GID≥500。

groupadd 命令选项功能描述如表 6-7 所示。

表 6-7　groupadd 命令

参数	描　　述
-g	设置用户组标识码 GID，GID 必须唯一且大于或等于 500，并且不能与已经存在的 UID 或 GID 相同
-r	建立一个系统默认用户组，GID 小于 500

示例如下。

```
#groupadd -g 1000 mygroup        #添加一个名为 mygroup 且 GID 为 1000 的用户组
#grep mygroup /etc/group         #查看用户组 mygroup 的信息
mygroup : x : 1000 :
```

2) 修改用户组属性命令(groupmod)

命令格式如下。

```
groupmod [选项] 用户组名
```

功能描述：修改已存在的用户组的属性。

groupmod 命令选项功能描述如表 6-8 所示。

表 6-8　groupmod 命令

参　　数	描　　述
-g	修改用户组标识码 GID ，但用户组名保持不变
-n	修改用户组的名称，但 GID 保持不变

示例如下。

```
#groupmod -n newgroup mygroup     #将 mygroup 用户组的名称修改为 newgroup
#grep newgroup /etc/group         #查看 newgroup 用户组的信息
newgroup : x : 1000 :
```

3) 管理用户组中用户命令(gpasswd)

命令格式如下。

```
gpasswd [选项] 用户账户名 用户组名
```

功能描述：用于管理用户组中的用户。

gpasswd 命令选项功能描述如表 6-9 所示。

表 6-9　gpasswd 命令

参　　　数	描　　　述
-a ＜用户账户名＞＜用户组名＞	根据账户名将指定用户添加到指定的用户组
-A ＜组管理员用户账户名列表＞＜用户组名＞	根据账户名将指定的用户设置为用户组的管理员
-d ＜用户账户名＞＜用户组名＞	根据账户名将指定的用户从指定的用户组中删除

示例如下。

```
#gpasswd - a andy newgroup              #将用户账户 andy 加入用户组 newgroup
Adding user andy to group newgroup
#groups andy                            #查看用户账户 andy 所属组信息
andy : andy newgroup
```

4）删除用户组命令（groupdel）

命令格式如下。

```
groupdel 用户组名
```

功能描述：用于删除指定的用户组。

删除用户组是有条件的：如果该用户组是某个用户的主要组，且该用户账户还存在，那么就不能删除该用户组。此外，如果该用户组中的用户在线，那么也不能删除该用户组。因此，应该先将用户组中的用户移除后再将用户组删除。

示例如下。

```
#groupdel newgroup          #删除用户组 newgroup
```

3. 编辑用户组配置文件

与管理用户账户类似，Linux 实际上是通过/etc/group 和/etc/gshadow 这两个配置文件实现对用户组的管理的。

1）用户组配置文件/etc/group

group 文件中保存着用户组的基本信息，任何用户都可以读取 group 文件的内容。该文件中的每一行记录都定义了一个用户组的基本信息。一行记录一般又被划分为 4 个字段用于定义用户组的不同属性，各字段间以"："号分隔。各字段的描述如表 6-10 所示。

表 6-10　group 文件各字段的描述

字　段　名	描　　　述
group name	每个用户组的标识字符串，即用户组的名称

字 段 名	描　　述
password	用户组的密码。出于安全性考虑,在目前的系统中已经不再使用该字段保存密码,而是用字母 x 填充,真正的密码保存在/etc/gshadow 文件中
GID	用户组标识码,系统中用来唯一标识用户组的数字
group members	用户组成员列表,属于该组的用户成员列表,列表中多个用户账户之间以",""分隔

一个典型的 gpasswd 文件的部分内容如下。

```
root:x:0:                    #root 用户组的信息(GID=0)
bin：x：1：bin,daemon          #系统默认用户组的信息(GID<500)
daemon：x：2:bin,daemon
abc：x：500：                  #普通用户组 abc 的信息(GID≥500)
andy：x：501：
```

2）用户组密码配置文件/etc/gshadow

gshadow 文件用于存放用户组的密码、组管理员等重要信息,该文件只有 root 用户可以读取。与 group 文件类似,gshadow 文件中的每一行记录都定义了一个用户组的信息,一行记录一般又被划分为 4 个字段,每个字段以":"号分隔。各字段的描述如表 6-11 所示。

表 6-11　gshadow 文件各字段的描述

字 段 名	描　　述
group name	用户组的名称,与/etc/group 文件中的用户组名称对应
password	用于保存已加密的用户组密码,一般不使用
administrators	用户组的管理员账户,该账户有权将用户账户添加到此用户组,或将用户账户从此用户组中删除
group members	用于保存用户组的成员用户账户,列表中的多个用户之间以",""分隔

一个典型的 gshadow 文件的部分内容如下。

```
root：：：                     #root 用户组密码信息(GID=0)
bin：：：bin,daemon            #系统默认用户组密码的信息(GID<500)
daemon：：：bin,daemom
abc：!：：                     #普通用户组密码的信息(GID≥500)
andy：!：：
```

第7章 Linux 文件权限

Linux 系统中的所有内容都以文件的形式存在,文件有很多种,例如文本文档、图像、可执行程序等,它们运行的方式各不相同。Linux 系统是应用广泛的多用户多任务操作系统,为了保证系统可靠运行,该系统内置了完善的文件权限管理体系,该体系包括文件的基本权限、特殊权限和访问控制列表三部分。

通过学习本章,读者将认识到数据隐私的重要性,注重维护数据的安全,根据不同的工作需要和职位需要合理分配用户等级和权限等级,同时掌握保护个人隐私的技能及小技巧,提高自身的网络安全意识,建立维护网络空间安全的责任感。

7.1 Linux 文件结构

文件结构是在存储设备中组织文件的方法,其分为对文件和目录的管理。Linux 在系统安装完成之后为用户创建了树形目录结构,如图 7-1 所示,并指定了每个目录的作用和其中的文件类型,如表 7-1 所示。

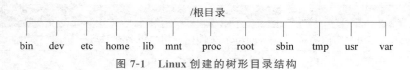

图 7-1 Linux 创建的树形目录结构

表 7-1 常见目录作用

目 录	作 用
bin	存放系统基本命令
dev	存放设备文件,如声卡、光驱的设备文件
etc	存放系统管理和配置文件(如用户账号口令、服务器配置文件等)
home	普通用户的主目录
lib	标准程序设计库(动态链接共享库)
media	本目录的子目录为即插即用型存储设备(如 CD-ROM/DVD 等)的自动挂载目录
mnt	系统提供的用户临时挂载其他文件系统的目录
proc	虚拟目录,存放当前系统内存的映射,用于在不重启机器情况下的内核管理
root	超级用户 root 的主目录
sbin	存放系统管理命令,系统管理员可以执行,普通用户无权限执行
tmp	各种临时文件的存放目录
usr	系统应用程序的存放目录
var	存储需要随时改变的文件,如系统日志文件等

Linux 采用的是树形结构,根目录位于最上层,所有其他目录都是从根目录出发而形成的。在 Linux 操作系统中,不管还有多少个磁盘分区,根目录只有一个,其他磁盘分区都将作为挂载点出现在这个树形结构的某个目录上。路径在前面章节中已经介绍,此处不再赘述。

7.2　文 件 类 型

Linux 系统中常见的文件类型如下。

1. 普通文件

普通文件是用于存放数据、程序等信息的文件,用户可以使用 ls 命令和 file 命令查看文件的信息。文件一般分为文本文件和二进制文件,文本文件可以通过 cat、more、less 等命令查看具体内容,二进制文件则不能。

【例 7-1】　使用 ls 和 file 命令分别查看位于/bin 目录的 mkdir 文件信息。

```
//使用 ls 命令查看/bin/mkdir 文件的权限、最后修改时间等信息
[root@bogon /]#ls /bin/mkdir -l
-rwxr-xr-x. 1 root root 46648 Oct 15 12:45 /bin/mkdir
//使用 file 命令查看/bin/mkdir 文件的类型
[root@bogon /]#file /bin/mkdir
/bin/mkdir: ELF 32 - bit LSB executable, Intel 80386, version 1 (SYSV),
dynamically linked(uses shared libs), for GNU/Linux 2.6.18, stripped
//上面显示内容表明,/bin/mkdir 文件为 ELF 格式的可执行文件,即二进制文件
```

2. 目录文件

目录文件是由一组目录项组成,其与 Windows 操作系统中的文件夹概念类似。

3. 设备文件

Linux 将所有的外设都看作文件,每一种外设对应一个设备文件,这些文件都被存放在/dev 目录中。

4. 管道文件

管道文件是用于进程间传递数据的文件,即将一个进程的信息以字符流形式送入管道,负责接收数据的进程从管道的另外一端接收数据。管道是一种简单的进程间通信方式,其不依赖任何协议。管道分为无名管道和有名管道。

【例 7-2】　使用管道符分屏显示 ls 命令结果。

```
//ls /dev -l 显示/dev 目录中的文件详细信息,由于/dev 目录文件多,一屏无法完全显示
//less 命令是 Linux 系统中分页显示文件或其他输出内容的工具
//Linux 中的管道命令"|"功能是把管道命令符左面命令的执行结果作为输入传给右边的命令
```

```
[root@bogon ~]#ls /dev -l | less
//less 命令中,用户可以用 pageUp 按键和 pageDown 按键进行先后翻页
```

5. 链接

链接,又称为链接文件,是对文件的引用。链接可以使文件在文件系统中被多处调用,链接不是指向文件的副本,链接文件与普通文件一样都可以被读写和执行。

链接分为软链接和硬链接,具体见 5.8.4 节。

【例 7-3】　在当前工作目录/root 中创建 work 目录,复制/bin 目录中的 ls 文件到 work 目录,并在 work 目录中建立 ls 文件的硬链接,命名为 myls,删除硬链接 myls;在当前目录创建 ls 文件的软链接,命名为 myls;在 work 目录中创建子目录 mydir,建立目录 mydir 的软链接,命名为 mydir。

1）建立硬链接

```
//显示当前工作目录
[root@bogon ~]#pwd
/root
//在当前用户的主目录中建立 work 工作目录
[root@bogon ~]#mkdir work
//进入 work 目录
[root@bogon ~]#cd work
//复制/bin 目录中的 ls 文件到 work 目录
[root@bogon work]#cp /bin/ls ./
//显示 work 目录中的信息
[root@bogon work]#ls -l
total 120
-rwxr-xr-x. 1 root root 118932 Mar 30 07:03 ls
//使用 du 命令查看当前 work 目录的大小,参数 s 的作用是仅显示总计,即仅显示当前目录的
//大小,参数 K 的作用是以 1024B 为单位,即以 KB 为单位
[root@bogon work]#du -sk
124     .
//为当前目录中的 ls 文件建立一个名为 myls 的硬链接
[root@bogon work]#ln ls myls
//显示当前目录中的文件信息
[root@bogon work]#ls -l
total 240
-rwxr-xr-x. 2 root root 118932 Mar 30 07:03 ls
-rwxr-xr-x. 2 root root 118932 Mar 30 07:03 myls
//下面使用 du 命令显示 work 目录大小
[root@bogon work]#du -sk
124     .
//由此可见,建立硬链接之后 work 目录所占空间大小没有改变,依然是 124KB
//删除硬链接 myls
[root@bogon work]#rm myls -f
//显示当前目录信息
[root@bogon work]#ls -l
```

```
total 120
-rwxr-xr-x. 1 root root 118932 Mar 30 07:03 ls
//显示当前目录所占空间大小
[root@bogon work]#du -sk
124        .
```

2）建立软链接

```
//为当前目录中的 ls 文件建立一个名为 myls 的软链接
[root@bogon work]#ln -s ls myls
//显示当前目录信息
[root@bogon work]#ls -l
total 120
-rwxr-xr-x. 1 root root 118932 Mar 30 07:32 ls
lrwxrwxrwx. 1 root root        2 Mar 30 07:32 myls ->ls
//显示当前目录所占空间大小
[root@bogon work]#du -sk
124        .
//可以发现建立软链接之后,目录空间增加了 4KB
//下面删除软链接对应的源文件
[root@bogon work]#rm -f     ls
//显示当前目录文件信息
[root@bogon work]#ls -l
total 0
lrwxrwxrwx. 1 root root 2 Mar 30 07:32 myls ->ls
//显示当前目录所占空间大小
[root@bogon work]#du
4        .
//head 命令可以显示当前文件前 10 行内容
[root@bogon work]#head myls
head: cannot open `myls' for reading: No such file or directory
//此时系统提示"没有这个文件或目录"的错误
```

3）为目录建立软链接

```
//建立一个子目录 mydir
[root@bogon work]#mkdir mydir
//为目录 mydir 建立一个软链接,名为 mydirOfLnS
[root@bogon work]#ln -s mydir mydirOfLnS
//显示当前目录信息
[root@bogon work]#ls -l
total 4
drwxr-xr-x. 2 root root 4096 Mar 30 07:41 mydir
lrwxrwxrwx. 1 root root       5 Mar 30 07:42 mydirOfLnS ->mydir
lrwxrwxrwx. 1 root root       2 Mar 30 07:32 myls ->ls
```

7.3　文　件　权　限

7.3.1　文件权限的作用

Linux 系统通过对文件设定访问权限的方式以保证文件的安全。文件权限指对文件的访问权限，包括对文件的读、写、执行。系统在文件被访问之前会先检验访问者的权限，只有与文件的访问权限相符才会被允许对文件进行访问。

Linux 会将文件或目录与用户和组联系起来，系统认定每个文件都归属某一个特定的用户，而且每个用户又总是属于某个用户组。文件的访问被分为三级，它们是文件所有者、与文件所有者同组的用户、系统的其他用户。

7.3.2　文件权限的表示

用"ls -l"命令可以显示文件的详细信息，如下所示。

```
//显示当前目录
[user@bogon ~]$pwd
/home/user
//建立一个空文件，名为 a.txt
[user@bogon ~]$touch a.txt
//显示当前目录文件详细信息，若使用"ls -al"命令则将不会忽略以"."开头命名的隐藏文件
[user@bogon ~]$ls -l
total 0
-rw-rw-r--. 1 user user 0 Mar 30 09:06 a.txt
```

上面的显示信息大体分为 7 列，具体如下所示。
- 第 1 列"-rw-rw-r--"标识文件的类型和文件权限。
- 第 2 列 1 是纯数字，表示文件链接个数或者是目录中子目录数量。
- 第 3 列 user 表示文件的所有者。
- 第 4 列 user 表示文件的所在群组。
- 第 5 列 0 表示文件长度（大小）。
- 第 6 列"Mar 30 09:06"表示文件最后的更新（修改）时间。
- 第 7 列 a.txt 表示文件的名称。

第 1 列中的第 1 个字符代表文件类型，如表 7-2 所示。

表 7-2　文件类型列表

字　符	文件类型	字　符	文件类型
d	目录文件	c	字符设备文件
-	普通文件	p	管道文件
l	链接文件	s	套接字文件
b	块设备文件		

　　第 1 列的第 2 个字符到第 10 个字符代表权限,每 3 个字符为一组,从左向右分别为拥有文件的用户的权限、文件所属组用户的权限、其他非本组用户的权限。每组权限的 3 个字符分别对应读权限、写权限和执行权限,每个权限字符的取值可能为 r、w、x、-,具体含义如下。

- r:表示文件权限时为具有读该文件权限;表示目录权限时为具有浏览目录的权限。
- w:表示文件权限时为具有写该文件权限;表示目录权限时为具有删除目录、移动目录的权限。
- x:表示文件权限时为具有执行该文件权限;表示目录权限时为具有进入该目录的权限。
- -:代表没有该项权限。

7.3.3　修改文件权限

1. 更改文件权限

有两种方法修改权限:助记符法和数字法。

1) 助记符法

命令格式如下。

```
chmod [OPTION]  MODE  FILE
```

其中,OPTION 为选项部分,具体如下。

- c 为显示修改过程信息。
- f 为强制修改权限。
- R 为对目录递归修改权限。
- v 为显示修改过后的信息。

另外,FILE 为文件列表,MODE 包括 who operator permission,具体如下。

(1) who 所对应的取值及含义如表 7-3 所示。

表 7-3　用户类型

who	用 户 类 型	含　　义
u	user	文件的所有者
g	group	与文件所有者同组者
o	other	所有其他用户
a	all	相当于 ugo,即所有用户

(2) operator 取值及含义如表 7-4 所示。

permission 取值及含义如表 7-5 所示,权限可以组合。

表 7-4　operator 值

operator	意　义
+	为指定的用户类型添加权限
−	为指定的用户类型删除权限
=	设定指定用户类型的权限,并取消原有权限

表 7-5　permission 值

permission	意　义
R	设置读权限
W	设置写权限
X	设置执行权限

　　MODE 之间用逗号(,)分隔,如文件所有者具有读写权限,组用户具有读权限,其他用户具有读权限,那么 chmod 命令中权限部分写法为:u＝rw,go＝r。

　　如为文件所有者增加读权限,组用户增加执行权限,那么 chmod 命令中的权限部分写法为:u＋r,g＋x。

　　【例 7-4】　给文件 hello.o 赋权限,使所有者具有读、写权限,没有执行权限;所有者同组用户具有读、执行权限;其他用户没有权限。

```
//显示当前目录和 hello.o 的目前权限情况
[user@bogon work]$pwd
/home/user/work
[user@bogon work]$ls hello.o -l
-rwxrwxr-x. 1 user user 5735 Mar 30 12:20 hello.o
//设置权限
[user@bogon work]$chmod u=rw,g=rx,o=hello.o
//查看设置后的权限
[user@bogon work]$ls -l hello.o
-rw-r-x---. 1 user user 5735 Mar 30 12:20 hello.o
```

　　【例 7-5】　在例 7-4 的基础上给文件 hello.o 的所有者增加执行权限,其他用户增加读和执行权限。

```
//给所有者增加执行权限,给其他用户增加读和执行权限
[user@bogon work]$chmod u+x,o+r+x hello.o
[user@bogon work]$ls -l hello.o
-rwxr-xr-x. 1 user user 5735 Mar 30 12:20 hello.o
```

　　2) 数字法
命令格式如下。

```
chmod [OPTION]  权限数字表示法  FILE
```

　　权限数字表示法的作用是用一个 3 位的二进制数表示权限,第 1 个二进制位表示是否具有读权限,第 2 个二进制位表示是否具有写权限,第 3 个二进制位表示是否具有执行权限,有权限则对应位置以 1 表示,没有权限则对应位置为 0。这样就形成一个 3 位的二进制编码,然后将这个二进制数转换为八进制数,就得到一个 0~7 之间的数。以 3 位八进制数就可以表示用户、同组用户、其他用户的权限。

【例 7-6】　权限"rwxrw-r--"表示数字法对应的 3 位八进制数。

- 文件所有者权限为 rwx,对应的 3 位二进制数为 111,转换为八进制数为 7。
- 同组用户的权限为 rw-,对应的 3 位二进制数为 110,转换为八进制数为 5。
- 其他用户的权限为 r--,对应的 3 位二进制数为 100,转换为八进制数位 4。

权限"rwxrw-r--"对应的权限数字表示法的值为 754。

【例 7-7】　使用数字法给文件 hello.o 赋权限,使所有者具有读、写权限,没有执行权限;所有者同组用户具有读、执行权限;其他用户没有权限。

```
//显示当前目录和 hello.o 的目前权限情况
[user@bogon work]$pwd
/home/user/work
[user@bogon work]$ls hello.o -l
-rwxrwxr-x. 1 user user 5735 Mar 30 12:20 hello.o
//设置权限,所有者具有读写权限,没有执行权限,对应二进制数为 110,八进制数为 6
//同组者权限为读和执行,对应二进制数为 101,八进制数为 5
//其他用户没有权限,对应二进制数为 000,八进制数为 0
//数字表示法为 650
[user@bogon work]$chmod 650 hello.o
//查看设置后的权限
[user@bogon work]$ls -l hello.o
-rw-r-x---. 1 user user 5735 Mar 30 12:20 hello.o
```

2. 更改文件所有者

语法格式如下。

```
chown [option] [OWNER] 文件名
```

其中,option 为选项部分,具体选项如下。

- c 显示更改的过程信息。
- v 显示更改过后的信息。
- f 强制更改。
- R 递归更改目录。

OWNER 为新的文件所有者,可取值如表 7-6 所示。

表 7-6　OWNER 值

值	说　　明
owner	文件新的所有者,不改变所属组

续表

值	说　明
owner：group	文件新的所有者和相关联的新组
owner：	文件新的所有者,将所属组改为新所有者的登录组
:group	将所属组改为与文件名相关联的新组,不改变所有者

【例 7-8】　修改文件所有者为 root。

```
//显示 hello.o 信息
[root@bogon work]#ls -l hello.o
-rwxrwxr-x. 1 user user 4647 Mar 30 14:10 hello.o
//将文件所有者改为 root
[root@bogon work]#chown root hello.o
//显示修改后的信息
[root@bogon work]#ls -l hello.o
-rwxrwxr-x. 1 root user 4647 Mar 30 14:10 hello.o
```

【例 7-9】　修改文件所有者为 root 和组所有者为 root 所属组。

```
//显示 hello.o 信息
[root@bogon work]#ls -l hello.o
-rwxrwxr-x. 1 user user 4647 Mar 30 14:10 hello.o
//将文件所有者改为 root,组所有者改为 root 所属组
[root@bogon work]#chown root: hello.o
//显示修改后的信息
[root@bogon work]#ls -l hello.o
-rwxrwxr-x. 1 root root 4647 Mar 30 14:10 hello.o
```

3. 更改文件所属组

语法格式如下。

```
chgrp [OPTION] group file-list
```

其中,OPTION 为选项部分,具体选项如下。
- c 显示更改的过程信息。
- v 显示更改过后的信息。
- f 强制更改。
- R 递归更改目录。

另外,group 为新组的名称,file-list 为文件名。

【例 7-10】　将文件组改为 user 组。

```
//显示 hello.o 信息
[root@bogon work]#ls -l hello.o
```

```
-rwxrwxr-x. 1 root root 4647 Mar 30 14:10 hello.o
//将文件所属组改为 user
[root@bogon work]#chgrp user hello.o
//显示修改后的信息
[root@bogon work]#ls hello.o -l
-rwxrwxr-x. 1 root user 4647 Mar 30 14:10 hello.o
```

7.3.4　默认权限与特殊权限

1. 默认权限

在 Linux 系统,一个文件或者目录被创建时就已具有了一些权限,这就是默认权限。

用户登录系统后创建的文件也总有默认的权限,这个权限也是默认权限,它是通过 umask 命令设置的。系统管理员必须要设置一个合理的 umask 值,以确保由用户创建的文件具有他们所希望的默认权限,具体语法格式如下。

```
umask [-S][权限掩码]
```

其中,[权限掩码]由 3 位八进制数组成,用基数权限减掉权限掩码后,即可产生建立文件时预设的权限;-S 为以文字的方式表示权限掩码。

注: 文件基数为 666,目录基数为 777。

【例 7-11】　设置权限掩码以使普通用户要生成的文件具有权限"rw-r--r--"。

文件基数的八进制数表示为 666,转换成二进制数表示为 110110110,减去用二进制数表示的要生成的权限 110100100,得到的差为 000010010,写成八进制数即为 022,操作命令如下。

```
//使用 umask 命令设置默认掩码
[user@bogon work]$umask 022
//生成一个空文件
[user@bogon work]$touch a.o
//显示生成文件的权限
[user@bogon work]$ls -l a.o
-rw-r--r--. 1 user user 0 Mar 30 15:31 a.o
```

2. 特殊权限

Linux 系统中除了 rwx 权限之外还有 3 个特殊权限,即 suid、sgid 和 sticky。

(1) suid 属性用于控制用户执行的文件,以文件属主身份执行,而不是执行文件的用户本身。该属性对目录不起作用。

(2) sgid 属性对文件的控制是以文件所属组的身份运行,对目录来说,在其中创建新文件的所属组的权限与目录所属用户的权限一样。

(3) sticky 属性的作用是目录的属主和 root 用户可以删除它,其他用户不能删除和修改这个目录。

这 3 个特殊位的位置如图 7-2 所示,图中第 1 个 s 是 suid 位,第 2 个 s 是 sgid 位,t 是 stick 位。

```
[root@localhost work]# ll a.txt
-rwsr-sr-t. 1 root root 0 Mar 16 00:42 a.txt
```

图 7-2　特殊权限位

3. 特殊权限的设置方法

1) 助记符法

(1) 设置 suid。

```
chmod u+s   文件名
```

(2) 设置 sgid。

```
chmod g+s   文件名或目录名
```

(3) 设置 sticky。

```
chmod o+t   目录名
```

(4) 取消 suid。

```
chmod u-s   文件名
```

(5) 取消 sgid。

```
chmod g-s   文件名或目录名
```

(6) 取消 sticky。

```
chmod o-t   目录名
```

【例 7-12】　给文件 f1.o 增加 suid 位。

```
chmod u+s f1.o
```

【例 7-13】　取消文件 f1.o 的 sgid 位。

```
chmod g-s f1.o
```

2) 数字法

chmod 命令中可以使用数字法设置 suid 位、sgid 位和 stick 位。完整的 Linux 的文件权限位共有 12 位,分别是 suid 位、sgid 位、stick 位、所有者的 rwx 权限位、所有者同组者的 rwx 权限位、其他用户的 rwx 权限位。

设置 suid 位时,需要使用最高为 1 的数值,即 1xxxxxxxxxxx(其中 x 表示 0 或者 1,

下同);取消 suid 位时,需要使用最高位为 0 的数值,即 0xxxxxxxxxx。

设置 sgid 位时,需要使用次高位为 1 的数值,即 x1xxxxxxxxx;取消 sgid 位时,需要使用次高位为 0 的数值,即 x0xxxxxxxxx。

设置 stick 位时,需要使用第三位为 1 的数值,即 xx1xxxxxxxx;取消 stick 位时,需要使用第三位为 0 的数值,即 xx0xxxxxxxx。

以上三位数值组合使用,即可在 chmod 命令中用一位八进制数表示。如 chmod 命令中使用八进制数表示的权限值 5777,权限值中最高位 5 表示成二进制数为 101,对应的含义为设置 suid 位和 stick 位、取消 sgid 位。

【例 7-14】　用数字法同时设置 f1.o 文件权限的 suid 位和 sgid 位、不设置 stick 位,使该文件属主具有 rwx 权限,同组者具有 rx 权限,其他成员具有 rx 权限。

```
chmod    6755   f1.o
```

【例 7-15】　用数字法同时为 f1.o 文件取消 suid 位和 sgid 位设置,设置 stick 位,使该文件属主具有 rwx 权限,同组者具有 rx 权限,其他成员具有 rx 权限。

```
chmod    1755   f1.o
```

7.3.5　sudo 命令

su 命令对切换用户身份执行命令带来方便,但是存在安全隐患。如使用该命令切换到 root 身份后,可能无法限制该用户的行为。

sudo 命令可以让用户在不切换身份的情况下以其他用户的身份执行命令,而且它还可以限制指定用户在指定的主机上运行某些指定的命令。

用户能否执行 sudo 命令依赖配置文件/etc/sudoers,此配置文件中存放着用户是否具有执行 sudo 的权限,在命令行输入"vi /etc/sudoers"可以查看这个配置文件,如图 7-3 所示。

```
## Next comes the main part: which users can run what software on
## which machines (the sudoers file can be shared between multiple
## systems).
## Syntax:
##
##      user       MACHINE=COMMANDS
##
## The COMMANDS section may have other options added to it.
##
## Allow root to run any commands anywhere
root     ALL=(ALL)      ALL

## Allows members of the 'sys' group to run networking, software,
## service management apps and more.
# %sys ALL = NETWORKING, SOFTWARE, SERVICES, STORAGE, DELEGATING, PROCESSES, LOCATE, DRIVERS

## Allows people in group wheel to run all commands
# %wheel        ALL=(ALL)      ALL
```

图 7-3　/etc/sudoers 文件内容

图 7-3 中第 1 个方框内的代码,第 1 列 root 代表用户账号,第 2 列的 ALL 代表用户所登录的主机名,第 3 列等号右边小括号中的 ALL 代表可以切换的身份,第 4 列 ALL 是

可执行的命令。

1. 某个用户

如果需要让当前用户 user 能执行 root 的所有操作,那么可在图 7-3 中第 1 个方框内增加一行,内容为"user ALL＝(ALL)ALL"。

2. 某个用户组

图 7-3 中第 2 方框处对应的是组用户的行为,％wheel 代表 wheel 用户组,如让当前 boy 组的所有用户都可以执行 root 用户的所有操作,可在此增加的内容为"％boy ALL＝(ALL)ALL"。

3. 限制用户 sudo 的可执行命令

在实际应用中更为常见的操作是限制用户的权限,即只让用户具有指定范围的权限。例如,让用户 user 只能执行 passwd 命令,可在图 7-3 中第 1 方框处增加一行"user ALL＝(root)/usr/bin/passwd",那么 user 用户将只具有执行 passwd 命令的权限,而不具有执行 root 用户其他命令的权限。

【例 7-16】 仅让 user 用户具有执行 adduser 命令的权限,使用 sudo 命令创建新用户 tom。

(1) 切换到 root 用户。

```
su-root
chomod +w /etc/sudoers
```

(2) 在图 7-3 中第 1 个方框位置增加一行代码"user ALL＝(root) /usr/sbin/adduser"。

```
chomod -w /etc/sudoers
su-user
sudo adduser tom
```

提示输入 user 密码,输入 user 密码之后,将创建用户 tom。

(3) 通过下面命令查看用户 tom 是否建立。

切换为 root 用户,命令如下。

```
su-root
```

列出系统的用户清单,命令如下。

```
cut -d : -f 1 /etc/passwd
```

7.3.6　ACL

使用 chmod 命令可以实现简单的权限管理,但是,再对一些比较复杂的权限管理,它就显得无能为力了。

Linux 系统中的 ACL(access control list,即文件/目录的访问控制列表)可以实现复杂的权限管理,如为任意指定的用户或用户组分配 rwx 权限等。ACL 配置的权限的优先级高于 chmod 命令配置的普通权限。

1. 查看文件系统是否支持 ACL

使用 tune2fs 命令可以查看文件系统是否支持 ACL,输入"tune2fs -l /dev/sda1 | grep options"命令,若显示信息为"Default mount options：user_xattr acl"则表明系统支持 ACL。

"tune2fs -l"命令的功能是查看文件系统信息,编者使用的虚拟机硬盘对应的是 sda1,读者可以根据自己计算机的配置进行相应的修改。

2. 设置文件/目录 ACL 内容的命令(setfacl)

命令格式如下。

```
setfacl [-bkRd] [{-m|-x} acl 参数] 目标文件名
```

该命令的选项与参数说明如下。

- -m：设置(修改)后面的 ACL 参数,不能与 -x 合用。
- -x：删除后面指定的 ACL 参数,不能与 -m 合用。
- -b：移除所有的 ACL 参数。
- -k：移除预设的 ACL 参数。
- -R：递归设置后面的 ACL 参数,包括子目录也会被进行相应设置。
- -d：设定预设的 ACL 参数,仅对目录有效,该目录新建的内容会使用此 ACL 默认值。
- acl：参数主要由三部分组成,即"3 种身份:对应身份名:3 种权限"。其中,3 种身份指的是 u、g、o、m,具体含义如下。
  - u 即 user,文件的所有者。
  - g 即 group,与文件所有者同组。
  - o 即 other,所有其他用户。
  - m 即 mask,有效权限掩码,ACL 权限的上限,不能超过这个权限,可以通过参数-d 进行修改。

若 u 和 g 没有指定,则默认身份分别代表所有者、所有者所属组。

对应身份指的是用户名或用户组名,3 种权限指的是 rwx。

【例 7-17】　假定/work 目录中有文件 a.c 和目录 work1,它们的权限都是 600,属主和属组都是 root。

(1) 为文件 a.c 增加权限,使 user 用户可读可写。首先,切换到 root 用户身份。

```
su- root
cd  /work
setfacl -m u:user:rw a.c
```

（2）为文件 a.c 增加权限，使 user 所属的所有用户都具有对该文件的读权限。

```
Setfacl -m g:user:r a.c
```

（3）为目录 work1 增加权限，使 user 所属用户组的所有用户都具有对该目录的读、写和执行权限。

```
setfacl -m g:user:rw work1
```

（4）删除目录 work1 的所有 ACL 权限。

```
setfacl -b work1
```

3. 查看文件/目录的 ACL 内容的命令（getfacl）

getfacl 命令格式如下。

```
getfacl filename
```

getfacl 的选项几乎与 setfacl 相同，参见 setfacl 的选项与参数注解。

【例 7-18】 查看/work 目录下的文件 a.c 的 ACL 权限。

```
getfacl /work/a.c
```

第8章　Linux 硬盘管理

硬盘是计算机的重要组成部件之一，其为操作系统提供了持久化存储的功能。在 Linux 系统中，硬盘设备的性能关系数据存取的可靠性和稳定性等。如果需要在某个硬盘上存储数据，则需要将其分区，然后创建文件系统，最后将文件系统挂载到目录下。

通过学习本章，读者可以了解合理分配硬盘空间、划分不同的分区、把不同类型的文件分开存放等知识。凡事做好规划很重要。好的开始，是成功的一半，好的规划，也是成功的一半。一个好的规划，会给我们的行动指明方向，减少盲目性，提高做事的效率，提升生活的品质，实现想要达成的目标。谋定而后动，知止而有得。

8.1　设备文件

所谓设备，指计算机中除了 CPU 和内存之外的外部设备。

Linux 中的设备分为两种：字符设备和块设备。字符设备（如键盘）无缓冲，只能按顺序存取；块设备（如硬盘）有缓冲，可以随机存取。每个设备均有主设备号和次设备号，同类设备的主设备号相同。Linux 中的设备名以文件系统中的设备文件形式存在，所有的设备文件都被存放在/dev 目录中，每个设备在 /dev 目录下都有一个对应的文件（结点）。

【例 8-1】　使用 ls 命令查看 CD-ROM 设备。

```
[user@bogon work]$ls -l /dev/cdrom
lrwxrwxrwx. 1 root root 3 Mar 29 22:33 /dev/cdrom ->sr0
[user@bogon work]$ls -l /dev/sr0
brw-rw----+1 root cdrom 11, 0 Mar 29 22:33 /dev/sr0
```

用户可以通过"cat /proc/devices"命令查看当前已经加载的设备驱动程序的主设备号。

```
[user@bogon work]$cat /proc/devices
Character devices:
  1 mem
  4 /dev/vc/0
  4 tty
  4 ttyS
  5 /dev/tty
  5 /dev/console
  5 /dev/ptmx
  7 vcs
 10 misc
```

```
 13 input
 14 sound
 21 sg
 29 fb
 99 ppdev
116 alsa
128 ptm
136 pts
162 raw
180 usb
189 usb_device
202 cpu/msr
203 cpu/cpuid
216 rfcomm
249 hidraw
250 usbmon
251 bsg
252 pcmcia
253 watchdog
254 rtc

Block devices:
  1 ramdisk
259 blkext
  7 loop
  8 sd
  9 md
 11 sr
 65 sd
 66 sd
 67 sd
 68 sd
 69 sd
 70 sd
 71 sd
128 sd
129 sd
130 sd
131 sd
132 sd
133 sd
134 sd
135 sd
253 device-mapper
254 mdp
```

　　Linux 系统通过采用设备文件的方式降低了用户对设备访问的复杂性,其每个硬件设备至少与一个设备文件相关联,设备文件用来访问系统中的硬件设备(包括硬盘、光驱、打印机等),这可以使对设备的操作变得与对普通文件的操作一样简单。

　　常用设备文件如表 8-1 所示。

表 8-1　常用设备文件

设 备 文 件	注　　　释
/dev/sd *	IDE/SCSI/SATA/SAS/USB 存储设备
/dev/tty *	终端设备
/dev/scd *	SCSI 光驱设备
/dev/null	空设备
/dev/zero	零设备

在 Linux 系统中,每一个硬件设备都被映射为一个系统文件。硬盘驱动器标识符为"SDX～",其中,SD 在 CentOS 6.6 中指 IDE(integrated drive electronics)、SCSI(small computer system interface)、SATA(serial advanced technology attachment)接口的存储设备;X 为盘号(a 为基本盘,b 为基本从属盘,c 为辅助主盘,d 为辅助从属盘);～代表分区,前 4 个分区用数字 1 到 4 表示,它们是主分区或扩展分区,从 5 开始就是逻辑分区。例如,sda2 表示第 1 个硬盘上的第 2 个主分区或扩展分区,sdb1 表示为第 2 个硬盘上的第 1 个主分区或扩展分区。

8.2　硬　盘　分　区

硬盘分区包括主分区、扩展分区和逻辑分区。

在一个硬盘中,主分区的数量为 1～4,扩展分区的数量为 0～1,并且主分区和扩展分区的数量总和为 1～4。虽然主分区和扩展分区有数量限制,但是逻辑分区的数量可以有多个。

硬盘的主引导记录 MBR(master boot record)由 4 部分组成,分别是主引导程序、出错信息数据区、分区表和结束标志字。其中,主引导程序负责查找并加载次引导加载程序,如果主引导程序被破坏,系统将无法启动;分区表中只能存放 4 个分区的信息,这 4 个分区只能是主分区和扩展分区。

在使用硬盘之前必须为其分区。硬盘设备主分区的作用就是引导计算机启动操作系统,因此每一个操作系统的引导程序都应被存放在主分区中。磁盘多于 4 个分区时,需要拿出一个主分区作为扩展分区,在扩展分区中再进行分区操作,扩展分区中创建的分区叫作逻辑分区。Linux 规定了主分区(或者扩展分区)占用 1～16 号中的前 4 个号。每一个硬盘总共最多有 16 个分区。以一个 SCSI 硬盘为例,主分区(或者扩展分区)占用 hda1、hda2、hda3、hda4,那么逻辑分区可以占用 hda5～hda16 这 12 个号。

Linux 环境中通常使用 fdisk 工具进行磁盘分区。

1. fdisk 命令

命令格式如下。

```
fdisk <磁盘设备名>
```

fdisk 常用子命令如表 8-2 所示。

表 8-2   fdisk 常用子命令

命 令	注 释
a	设置引导分区
b	编辑卷标
d	删除一个分区
l	列出已知分区类型
m	显示帮助菜单
n	增加一个新分区
p	显示分区表
q	不保存并退出
t	改变分区类型
u	改变显示分区大小的单位
w	将设置写入分区表并退出

2. 显示硬盘分区信息

显示硬盘分区信息的命令格式如下。

```
fdisk -l <磁盘设备名>
```

【例 8-2】 在虚拟机中添加一块新硬盘并创建分区。

（1）在 VMware 系统添加一块容量为 30GB 的 SCSI 接口虚拟硬盘。

① 单击 VMware 的"虚拟机（M）"菜单中的"设置项"，将弹出图 8-1 所示的对话框。

图 8-1   "虚拟机设置"对话框

② 单击"添加(A)"按钮,将弹出图 8-2 所示的对话框。

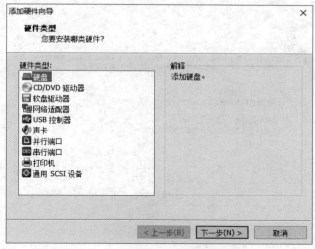

图 8-2　"添加硬件向导"对话框

③ 选中"硬件类型"中的"硬盘"项,单击"下一步"按钮,将弹出图 8-3 所示的对话框。

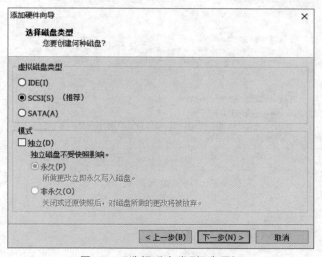

图 8-3　"选择磁盘类型"选项框

④ 选择 SCSI 类型,然后单击"下一步"按钮,将弹出图 8-4 所示的对话框。

⑤ 选择"创建新虚拟磁盘"选项,然后单击"下一步"按钮,将弹出图 8-5 所示的对话框。

⑥ 在对话框设置容量大小为 30.0GB,单击"下一步"按钮,将弹出图 8-6 所示的对话框。

⑦ 使用默认设置,单击"完成"按钮。

在"虚拟机设置"对话框中,可以看到刚添加的虚拟硬盘,如图 8-7 所示,然后单击"确

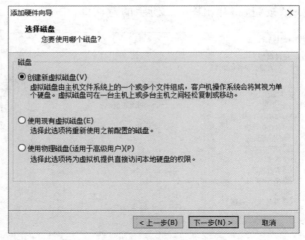

图 8-4　"选择磁盘"选项对话框

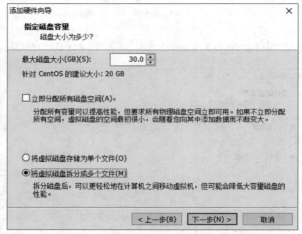

图 8-5　"指定磁盘容量"对话框

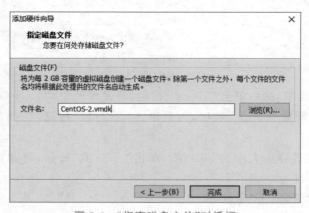

图 8-6　"指定磁盘文件"对话框

图 8-7　添加新硬盘后的"虚拟机设置"对话框

定"按钮。

（2）查看第一块 SCSI 接口硬盘的分区情况。

```
//使用"fdisk -l <磁盘设备名>"命令显示指定硬盘的分区表信息
//第 1 块 SCSI 接口硬盘设备名为 sda
[root@bogon ~]#fdisk -l /dev/sda

Disk /dev/sda: 42.9 GB, 42949672960 bytes
255 heads, 63 sectors/track, 5221 cylinders
Units=cylinders of 16065 * 512=8225280 bytes
Sector size(logical/physical): 512 bytes / 512 bytes
I/O size(minimum/optimal): 512 bytes / 512 bytes
Disk identifier: 0x000c60e5

  Device Boot      Start         End      Blocks   Id  System
/dev/sda1   *          1          64      512000   83  Linux
Partition 1 does not end on cylinder boundary.
/dev/sda2             64        5222    41430016   8e  Linux LVM
```

在硬盘信息中，Device 为硬盘分区，Boot 列有 * 号的是引导分区，Start 表示一个分区的开始柱面，End 表示一个分区的结束柱面。Id 和 System 表示分区类型，这里的 83 表示 Linux 分区。sda1 为主分区，sda2 为逻辑分区。

（3）为添加的新硬盘分区，并创建文件系统。

```
//使用"fdisk <磁盘设备名>"命令为磁盘 sdb 分区
[root@bogon ~]#fdisk /dev/sdb
Device contains neither a valid DOS partition table, nor Sun, SGI or
OSF disklabel
Building a new DOS disklabel with disk identifier 0x174506dc.
Changes will remain in memory only, until you decide to write them.
After that, of course, the previous content won't be recoverable.

Warning: invalid flag 0x0000 of partition table 4 will be corrected by w(rite)

WARNING: DOS-compatible mode is deprecated. It's strongly recommended to
        switch off the mode(command 'c')and change display units to
        sectors(command 'u').
//输入 m 获取帮助信息
Command(m for help): m
Command action
   a   toggle a bootable flag
   b   edit bsd disklabel
   c   toggle the dos compatibility flag
   d   delete a partition
   l   list known partition types
   m   print this menu
   n   add a new partition
   o   create a new empty DOS partition table
   p   print the partition table
   q   quit without saving changes
   s   create a new empty Sun disklabel
   t   change a partition's system id
   u   change display/entry units
   v   verify the partition table
   w   write table to disk and exit
   x   extra functionality(experts only)
//显示当前硬盘中的分区信息
Command(m for help): p

Disk /dev/sdb: 32.2 GB, 32212254720 bytes
255 heads, 63 sectors/track, 3916 cylinders
Units=cylinders of 16065 * 512=8225280 bytes
Sector size(logical/physical): 512 bytes / 512 bytes
I/O size(minimum/optimal): 512 bytes / 512 bytes
Disk identifier: 0x21e79acc
   Device Boot      Start         End      Blocks   Id  System
//创建主分区,输入 n
Command(m for help): n
//主分区,输入 p
Command action
   e   extended
   p   primary partition(1-4)
```

```
p
//由于 sdb 未分区,分区号从 1 开始到 4 都可用,故这里选择最小的分区号 1
Partition number(1-4): 1
//输入分区的起始柱面
First cylinder(1-3916, default 1): 1
//输入分区的结束柱面
Last cylinder, +cylinders or +size{K,M,G}(1-3916, default 3916): 1500
//输入 p,显示当前分区信息
Command(m for help): p

Disk /dev/sdb: 32.2 GB, 32212254720 bytes
255 heads, 63 sectors/track, 3916 cylinders
Units=cylinders of 16065 * 512=8225280 bytes
Sector size(logical/physical): 512 bytes / 512 bytes
I/O size(minimum/optimal): 512 bytes / 512 bytes
Disk identifier: 0x21e79acc

  Device Boot      Start         End      Blocks   Id  System
/dev/sdb1              1        1500    12048718+   83  Linux

Command(m for help):
//分区容量的计算公式为(分区结束柱面号-分区起始柱面号) * 每个柱面的容量
//在上面显示的信息中有硬盘的每个柱面大小"Units=cylinders of 16065 * 512=8225280
bytes"
//刚建立的分区的起始柱面为 1,结束柱面为 1500,该分区的容量为:(1500-1) * 8225280=
12329694720Byte=12040717.5KByte=11758.51MByte=11.4GByte
//创建一个扩展分区
Command(m for help): n
Command action
   e   extended
   p   primary partition(1-4)
//输入 e 创建扩展分区
e
//由于分区号 1 已经被使用,故这里可以使用的分区编号从 2 开始到 4 结束,输入 2
Partition number(1-4): 2
//输入起始柱面号
First cylinder(1501-3916, default 1501): 1501
//输入结束柱面号
Last cylinder, +cylinders or +size{K,M,G}(1501-3916, default 3916): 2000
//输入 p,显示分区信息
Command(m for help): p

Disk /dev/sdb: 32.2 GB, 32212254720 bytes
255 heads, 63 sectors/track, 3916 cylinders
Units=cylinders of 16065 * 512=8225280 bytes
Sector size(logical/physical): 512 bytes / 512 bytes
I/O size(minimum/optimal): 512 bytes / 512 bytes
Disk identifier: 0x21e79acc
```

```
    Device Boot       Start        End      Blocks   Id  System
/dev/sdb1                1        1500    12048718+  83  Linux
/dev/sdb2             1501        2000     4016250    5  Extended
```
//可以看到已经建立了两个分区,一个是主分区 sdb1,另一个是扩展分区 sdb2
//下面把扩展分区 sdb2 删除,输入命令 d
```
Command(m for help): d
```
//输入要删除的分区号 2
```
Partition number(1-5): 2
```
//显示删除分区后的分区信息
```
Command(m for help): p

Disk /dev/sdb: 32.2 GB, 32212254720 bytes
255 heads, 63 sectors/track, 3916 cylinders
Units=cylinders of 16065 * 512=8225280 bytes
Sector size(logical/physical): 512 bytes / 512 bytes
I/O size(minimum/optimal): 512 bytes / 512 bytes
Disk identifier: 0x21e79acc

    Device Boot       Start        End      Blocks   Id  System
/dev/sdb1                1        1500    12048718+  83  Linux(4)
```
//分区 2 已经被删除
//将硬盘 sdb 剩余空间都分配给要创建的扩展分区
//输入 n 创建新分区
```
Command(m for help): n
```
//输入 e 选择扩展分区
```
Command action
   e   extended
   p   primary partition(1-4)
e
```
//输入要使用的分区号 2
```
Partition number(1-4): 2
```
//直接按 Enter 键,以默认值 1501 作为起始柱面号
```
First cylinder(1501-3916, default 1501):
Using default value 1501
```
//直接按 Enter 键,以默认值 3916 作为结束柱面号
```
Last cylinder, +cylinders or +size{K,M,G}(1501-3916, default 3916):
Using default value 3916
```
//输入 p 显示分区信息
```
Command(m for help): p

Disk /dev/sdb: 32.2 GB, 32212254720 bytes
255 heads, 63 sectors/track, 3916 cylinders
Units=cylinders of 16065 * 512=8225280 bytes
Sector size(logical/physical): 512 bytes / 512 bytes
I/O size(minimum/optimal): 512 bytes / 512 bytes
Disk identifier: 0x21e79acc
```

```
   Device Boot       Start         End       Blocks   Id  System
/dev/sdb1              1           1500      12048718+  83  Linux
/dev/sdb2             1501         3916      19406520    5  Extended
```
//创建逻辑分区
//输入 n
```
Command(m for help): n
```
//输入 l,选择创建逻辑分区
```
Command action
   l   logical(5 or over)
   p   primary partition(1-4)
l
```
//输入起始柱面号 1501
```
First cylinder(1501-3916, default 1501): 1501
```
//输入结束柱面号 2000
```
Last cylinder, +cylinders or +size{K,M,G}(1501-3916, default 3916): 2000
```
//显示已经建立的分区信息
```
Command(m for help): p

Disk /dev/sdb: 32.2 GB, 32212254720 bytes
255 heads, 63 sectors/track, 3916 cylinders
Units=cylinders of 16065 * 512=8225280 bytes
Sector size(logical/physical): 512 bytes / 512 bytes
I/O size(minimum/optimal): 512 bytes / 512 bytes
Disk identifier: 0x21e79acc

   Device Boot       Start         End       Blocks   Id  System
/dev/sdb1              1           1500      12048718+  83  Linux
/dev/sdb2             1501         3916      19406520    5  Extended
/dev/sdb5             1501         2000       4016218+  83  Linux
```
//在上面信息中可以看到新建的逻辑分区 sdb5
//继续创建逻辑分区,将剩余空间都分配给新的逻辑分区
//输入 n
```
Command(m for help): n
```
//输入 l,建立逻辑分区
```
Command action
   l   logical(5 or over)
   p   primary partition(1-4)
l
```
//输入默认值作为起始柱面号
```
First cylinder(2001-3916, default 2001):
Using default value 2001
```
//输入默认值作为结束柱面号
```
Last cylinder, +cylinders or +size{K,M,G}(2001-3916, default 3916):
Using default value 3916
```
//显示分区信息
```
Command(m for help): p

Disk /dev/sdb: 32.2 GB, 32212254720 bytes
```

```
255 heads, 63 sectors/track, 3916 cylinders
Units=cylinders of 16065 * 512=8225280 bytes
Sector size(logical/physical): 512 bytes / 512 bytes
I/O size(minimum/optimal): 512 bytes / 512 bytes
Disk identifier: 0x21e79acc

   Device Boot      Start        End       Blocks    Id  System
/dev/sdb1              1         1500     12048718+  83  Linux
/dev/sdb2           1501         3916     19406520    5  Extended
/dev/sdb5           1501         2000      4016218+  83  Linux
/dev/sdb6           2001         3916     15390238+  83  Linux
//输入 w,保存分区设置信息并退出 fdisk
Command(m for help): w
The partition table has been altered!

Calling ioctl() to re-read partition table.
Syncing disks.
[root@bogon ~]#
//输入命令查看 sdb 中建立的分区
[root@bogon ~]#fdisk -l /dev/sdb

Disk /dev/sdb: 32.2 GB, 32212254720 bytes
255 heads, 63 sectors/track, 3916 cylinders
Units=cylinders of 16065 * 512=8225280 bytes
Sector size(logical/physical): 512 bytes / 512 bytes
I/O size(minimum/optimal): 512 bytes / 512 bytes
Disk identifier: 0x802abf66
   Device Boot      Start        End       Blocks    Id  System
/dev/sdb1              1         1500     12048718+  83  Linux
/dev/sdb2           1501         3916     19406520    5  Extended
/dev/sdb5           1501         2000      4016218+  83  Linux
/dev/sdb6           2001         3916     15390238+  83  Linux
//重启系统,让分区表生效
```

8.3　文件系统

　　Linux 系统中的每个分区都是一个文件系统,都有自己的目录层次结构。文件系统在逻辑上是独立的,能单独地被操作系统管理和使用。

8.3.1　EXT 文件系统

　　Linux 默认文件系统为 EXT,主要有 ext2、ext3 和 ext4 几个版本。

1. ext2

　　ext2(全称 second extended filesystem)为第二代可扩展文件系统,是 Linux 内核所用的标准文件系统。

在 ext2 文件系统中,所有元数据结构的大小均基于"块"(block),块的大小随文件系统的大小而有所不同。若干逻辑块组成一个大的逻辑块,其被称为块组(block group)。块组是 ext2 文件系统的管理单元,块组中由若干管理数据(元数据)实现对块组中的逻辑块的管理。

ext2 虽然已被 ext3 取代,但其仍然在一些 USB 或 SD 设备上使用。ext2 没有日志功能,所以对存储设备的读写相对较少,从而能够延长设备的使用时限。

2. ext3

ext3(全称 third extended filesystem)为第三代可扩展文件系统,是 Linux 最常用的文件系统之一,属于一种日志文件系统,具有日志功能。

ext3 文件系统是直接从 ext2 文件系统发展而来的,其磁盘数据结构与 ext2 基本相同,在 ext2 的基础上重点强化了日志功能,是 ext2 的增强版。它完全兼容 ext2 文件系统,并且从 ext2 转换成 ext3 并不复杂,不需要备份和恢复数据。目前 ext3 文件系统已经非常稳定可靠。

3. ext4

ext4(全称 fourth extended filesystem)为第四代可扩展文件系统,是 Linux 系统下的日志文件系统,是 ext3 文件系统的后继版本。

ext4 修改了 ext3 中部分重要的数据结构,实现了与 ext3 的兼容,提供了更佳的性能和可靠性,以及更为丰富的功能。其主要特性包括大文件支持、快速自检、纳秒时间戳、日志校验等。目前的大多数 Linux 发行版以 ext4 作为默认文件系统。

ext4 文件系统(如图 8-8 所示)将磁盘分区分成若干个块组,第一个块组(即 0 号块组)中会包含超级块信息,其余块组不一定包含超级块,有些块组会保存超级块的备份。其主要布局如下:

每个块组中都有的元数据信息是块位图、Inode 位图以及 Inode 表。除了 0 号块组拥有超级块和 GDT 之外,其他块组中也可能拥有超级块和 GDT 的备份,其中的预留 GDT 被作为文件系统扩展使用,一旦文件系统增大,就会产生新的块组描述符,其被保留在 GDT 表中。

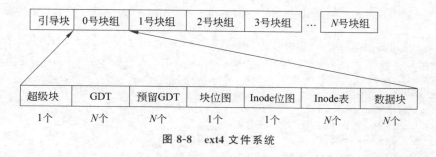

图 8-8　ext4 文件系统

超级块可以记录文件系统的整体信息,包含 inode/block 的大小、总量、使用量、剩余量,以及文件系统的格式、挂载时间、最近一次数据写入时间、最近一次校验磁盘的时间等。

　　ext4 将整个磁盘划分为固定大小的若干块组,默认是 128MB。块组描述符表用于记录块组的基本信息、block bitmap 所在的块号、Inode bitmap 所在的块号、空闲的块数目、空闲 Inode 数目、目录项个数等。

8.3.2　格式化硬盘

　　Linux 系统中的硬盘格式化就是在分区或逻辑卷上创建文件系统,此概念和 Windows 操作系统中的格式化操作非常相似。

　　(1) 在 Linux 环境中,人们通常使用 mkfs 命令创建文件系统,mkfs 命令要求使用者具有 root 权限,命令格式如下。

```
mkfs -t 文件系统类型　/dev/设备名
```

其中,参数 t 指定要建立何种文件系统,如没有任何指定,则使用默认的文件系统类型(目前是 ext2)。

　　mkfs 命令本身并不执行建立文件系统的任务,而是根据参数-t 指定的文件系统而调用相关程序以完成创建文件系统的任务。

　　【例 8-3】　在分区 sdc2 上创建 ext3 文件系统。

```
mkfs    -t    ext3    /dev/sdc2
```

　　注:在指定文件系统的特定类型选项时,可以使用"ls /sbin/mkfs. * "命令列出本地系统上创建文件系统的程序。

　　(2) 使用 mkfs 命令创建文件系统,这里的文件工具为 mkfs.ext3、mkfs.ext4dev、mkfs.vfat、mkfs.ext2、mkfs.ext4、mkfs.msdos,其实在执行 mkfs 命令时也是调用这些工具。

　　【例 8-4】　使用工具"mkfs.ext3"命令在分区 sdc2 上创建 ext3 文件系统。

```
mkfs.ext3 /dev/sdc2
```

　　【例 8-5】　在例 8-2 的基础上,将 sdb1、sdb5 和 sdb6 分区创建为 ext3 文件系统。

```
//在 sdb1 分区上创建 ext3 文件系统
[root@bogon ~]#mkfs.ext3 /dev/sdb1
mke2fs 1.41.12(17-May-2010)
Filesystem label=
OS type: Linux
Block size=4096(log=2)
Fragment size=4096(log=2)
Stride=0 blocks, Stripe width=0 blocks
753664 inodes, 3012179 blocks
150608 blocks(5.00%) reserved for the super user
```

```
First data block=0
Maximum filesystem blocks=3087007744
92 block groups
32768 blocks per group, 32768 fragments per group
8192 inodes per group
Superblock backups stored on blocks:
        32768, 98304, 163840, 229376, 294912, 819200, 884736, 1605632, 2654208

Writing inode tables: done
Creating journal(32768 blocks): done
Writing superblocks and filesystem accounting information: done

This filesystem will be automatically checked every 31 mounts or
180 days, whichever comes first.  Use tune2fs -c or -i to override.
```
//在 sdb5 分区上创建 ext3 文件系统
```
[root@bogon ~]#mkfs.ext3 /dev/sdb5
mke2fs 1.41.12(17-May-2010)
Filesystem label=
OS type: Linux
Block size=4096(log=2)
Fragment size=4096(log=2)
Stride=0 blocks, Stripe width=0 blocks
251472 inodes, 1004054 blocks
50202 blocks(5.00%) reserved for the super user
First data block=0
Maximum filesystem blocks=1031798784
31 block groups
32768 blocks per group, 32768 fragments per group
8112 inodes per group
Superblock backups stored on blocks:
        32768, 98304, 163840, 229376, 294912, 819200, 884736

Writing inode tables: done
Creating journal(16384 blocks): done
Writing superblocks and filesystem accounting information: done

This filesystem will be automatically checked every 26 mounts or
180 days, whichever comes first.  Use tune2fs -c or -i to override.
```
//在 sdb6 分区上创建 ext3 文件系统
```
[root@bogon ~]#mkfs.ext3 /dev/sdb6
mke2fs 1.41.12(17-May-2010)
Filesystem label=
OS type: Linux
Block size=4096(log=2)
Fragment size=4096(log=2)
Stride=0 blocks, Stripe width=0 blocks
962880 inodes, 3847559 blocks
192377 blocks(5.00%) reserved for the super user
First data block=0
```

```
Maximum filesystem blocks=3942645760
118 block groups
32768 blocks per group, 32768 fragments per group
8160 inodes per group
Superblock backups stored on blocks:
        32768, 98304, 163840, 229376, 294912, 819200, 884736, 1605632, 2654208

Writing inode tables: done
Creating journal(32768 blocks): done
Writing superblocks and filesystem accounting information: done

This filesystem will be automatically checked every 24 mounts or
180 days, whichever comes first.  Use tune2fs -c or -i to override.
```

8.4　挂　载　硬　盘

在 Linux 系统中使用文件系统一般遵循如下步骤。

① 为硬盘建立分区或逻辑卷。

② 创建文件系统。

③ 挂载文件系统到 Linux 系统(手动挂载操作可以通过 mount 命令实现)。

④ 卸载文件系统(可以使用 umount 命令实现)。

8.4.1　挂载硬盘命令(mount)

mount 命令格式如下。

```
mount [-t vfstype] [-o options] device dir
```

参数说明如下。

(1)"-t vfstype"参数用于指定文件系统的类型,可被省略,此时,mount 命令会自动选择正确的类型。常用类型如下。

- 光盘或光盘镜像: ISO 9660。
- MS-DOS FAT16 文件系统: msdos。
- Windows 9x FAT32 文件系统: vfat。
- Windows NT NTFS 文件系统: ntfs。
- Mount Windows 文件网络共享: smbfs。
- UNIX(Linux)文件网络共享: nfs。

(2)"-o options"参数主要用来描述设备或档案的挂载方式。常用的参数如下。

- loop: 用来把一个文件当成硬盘分区挂载到 Linux 系统。
- ro: 采用只读方式挂载设备。
- rw: 采用读写方式挂载设备。
- iocharset: 指定访问文件系统所用字符集。

（3）device 参数定义要挂载（mount）的设备。

（4）dir 参数定义设备在系统上的挂载点（mount point）。

【例 8-6】　在例 8-5 的基础上在/mnt 中新建子目录 b1，将 sdb1 分区挂载到/mnt/b1
目录。

```
//进入/mnt 目录
[root@bogon ~]#cd /mnt
//显示/mnt 目录
[root@bogon ~]#ls /mnt
//建立子目录 b1
[root@bogon mnt]#mkdir b1
//显示/mnt 目录信息
[root@bogon mnt]#ls
b1
//将 sdb1 分区挂载到/mnt/b1 目录中
[root@bogon mnt]#mount /dev/sdb1 /mnt/b1
//查看目录/mnt/b1,其中没有任何文件
[root@bogon mnt]#cd b1/
[root@bogon b1]#ls
lost+found
//创建一个空文件
[root@bogon b1]#touch abc.txt
[root@bogon b1]#ls
abc.txt    lost+found
//用 df 命令查看/dev/sdb1 分区信息
[root@bogon b1]#df
Filesystem            1K-blocks    Used Available Use%Mounted on
/dev/mapper/VolGroup-lv_root
                      38613644 2963524  33681992   9%/
tmpfs                   515244      76   515168    1%/dev/shm
/dev/sda1               487652   26756   435296    6%/boot
/dev/sr0              3934618 3934618            0 100%/media/CentOS_6.6_Final
/dev/sdb1            11859484  160628 11096424    2%/mnt/b1
//也可以使用 mount -s 命令查看分区的挂载情况
[root@bogon /]#mount -s
/dev/mapper/VolGroup-lv_root on / type ext4(rw)
proc on /proc type proc(rw)
sysfs on /sys type sysfs(rw)
devpts on /dev/pts type devpts(rw,gid=5,mode=620)
tmpfs on /dev/shm type tmpfs(rw,rootcontext="system_u:object_r:tmpfs_t:s0")
/dev/sda1 on /boot type ext4(rw)
none on /proc/sys/fs/binfmt_misc type binfmt_misc(rw)
/dev/sr0 on /media/CentOS_6.6_Final type iso9660(ro,nosuid,nodev,uhelper=
udisks,uid=0,gid=0,iocharset=utf8,mode=0400,dmode=0500)
/dev/sdb1 on /mnt/b1 type ext3(rw)
```

8.4.2　卸载硬盘命令（umount）

umount 命令格式如下。

```
umount        <设备名或挂载目录>
```

【例 8-7】 在例 8-6 的基础上卸载/dev/sdb1 文件系统。

```
//离开/mnt/b1 目录
[root@bogon b1]#cd /
//卸载/dev/sdb1
[root@bogon /]#umount /dev/sdb1
//也可以使用挂载目录进行卸载,与"umount /dev/sdb1"命令等价的命令为"umount /mnt/b1"
//使用 df 命令查看分区/dev/sdb1 是否已卸载
[root@bogon /]#df
Filesystem          1K-blocks      Used Available Use%Mounted on
/dev/mapper/VolGroup-lv_root
                    38613644 2963528   33681988    9%/
tmpfs                 515244        76    515168    1%/dev/shm
/dev/sda1             487652     26756    435296    6%/boot
/dev/sr0             3934618   3934618          0 100%/media/CentOS_6.6_Final
```

8.4.3 开机自动挂载

开机挂载的方法:编辑/ect/fstab。

以 root 权限输入"vi /etc/fstab"命令查看 fstab 文件内容,文件内容如图 8-9 所示。

```
#
# /etc/fstab
# Created by anaconda on Tue Mar 15 23:59:07 2016
#
# Accessible filesystems, by reference, are maintained under '/dev/disk'
# See man pages fstab(5), findfs(8), mount(8) and/or blkid(8) for more info
#
/dev/mapper/VolGroup-lv_root /              ext4    defaults      1 1
UUID=c564117d-2279-41fb-aa25-56729f99004a /boot     ext4    defaults    1 2
/dev/mapper/VolGroup-lv_swap swap           swap    defaults      0 0
tmpfs               /dev/shm        tmpfs   defaults        0 0
devpts              /dev/pts        devpts  gid=5,mode=620  0 0
sysfs               /sys            sysfs   defaults        0 0
proc                /proc           proc    defaults        0 0
```

图 8-9　fstab 文件内容

文件 fstab 中存放与分区相关的重要信息,每行是一个分区记录,每行包括 6 部分,具体含义如下。

(1) 第 1 项是挂载的设备名。

(2) 第 2 项是要挂载的位置(即挂载点)。

(3) 第 3 项是设备类型,常见格式有 ext、ext2、ext3、ext4、msdos、ISO 9660、nfs、swap 等。

(4) 第 4 项是挂载时要设定的状态,如 ro(只读)、defaults(rw, suid, dev, exec, auto, nouser, and async)、rw(读写)、auto(系统自动挂载,fstab 默认就是这个选项)等。

(5) 第 5 项为 dump 选项,设置是否让备份程序 dump 备份文件系统,值为 0 表示忽略,值为 1 表示备份。

(6) 第 6 项为自检顺序,值为 0 表示不自检,1 或者 2 表示要进行自检,根分区要设为

1,其他分区设为 2。

【例 8-8】　假定已经给虚拟机增加了一块虚拟硬盘,容量为 10GB,对应设备为/dev/sdb,创建一个主分区,分区类型为 ext4,已在/home/user 目录中建立一个目录 work。现要求实现开机自动加载 sdb 到/home/user/work 目录。

（1）切换到 root 用户身份并打开/etc/fstab 文件。

```
su-root
vi /etc/fstab
```

（2）在 fstab 中添加一行,内容如下。

```
/dev/sdb    /home/user/work    ext4    defaults  0  0
```

（3）保存后退出。

（4）重启虚拟机。

（5）在终端输入 df,可以观察到 sdb 已经挂载到/home/user/work 目录。

8.4.4　AUTOFS 自动文件系统

Linux 设备在使用前必须挂载到 Linux 文件系统的某个目录。8.4.1 节介绍的手动方式即通过输入 mount 命令挂载设备到某个目录下。当设备使用完毕,还需要通过手动方式输入 umount 命令卸载设备。mount 方式挂载的文件系统在计算机重启之后将消失,需要再次挂载。如果想要让每次系统重启时都能自动挂载设备到某个目录,可以通过8.4.3 节介绍的修改/etc/fstab 文件的方法实现,但是如此处理后不管是否被使用,设备将一直处于挂载状态,这样会浪费系统资源,而且这种修改文件方式容易发生书写错误。

autofs 是一种实现自动挂载的工具,其能够根据用户的使用情况自动将处于空闲状态的设备卸载。

1. 安装 autofs 服务

输入“rpm -q autofs”命令,检查是否已经安装 autofs 服务,如果没有,可输入“yum install autofs”进行安装。也可以加载 Centos6.6 安装光盘,进入安装光盘的 Packages 目录,输入“rpm -ivh autofs-5.0.5-109.el6.i686.rpm”命令进行安装。

此目录中,/etc/auto.master 是 autofs 的主要配置文件;/etc/auto.misc 是挂载点配置文件;/etc/rc.d/init.d/autofs 是守护进程;/etc/sysconfig/autofs 是全局配置文件,里面有一个 timeout 属性可以用于定义超时时间,默认是 300s,超过这个时间没有访问设备,系统将自动卸载此设备。

2. 配置 autofs 服务

（1）编辑/etc/auto.master 文件,定义访问点。该文件中,每行为一条记录,每条记录由 3 部分组成,第 1 部分是安装点,第 2 部分是安装点对应的配置文件,第 3 部分定义超时时间。如果这里没有定义超时时间,那么 Linux 系统将使用全局配置文件中的

timeout 值。

假定要访问的点为/mnt,配置文件名为/etc/auto.mnt,访问点的设置被存放在/etc/auto.mnt 文件中,这个配置文件默认是不存在的,需要单独创建。在/etc/auto.master 文件中增加一行,内容如下。

```
/mnt            /etc/auto.mnt --timeout 200
```

(2) 配置访问点。创建访问点配置文件,使文件名与/etc/auto.master 文件中定义的配置文件保持一致,配置文件名要以 auto 为开头。

访问点配置文件内容每行为一条记录,由 3 个部分组成。第 1 部分是访问点;第 2 部分是参数定义(定义挂载设备的文件类型和权限);第 3 部分是要挂载的设备,以冒号开头,后面写设备名称,如下所示。

```
:/dev/sdb
```

(3) 重启 autofs 服务,命令如下。

```
service autofs restart
```

【例 8-9】 自动挂载光驱,假定光驱挂载目录为/mnt/media,目录/mnt/media 已创建,超时时间为 200s,访问配置文件名为/etc/auto.mnt。

(1) 编辑/etc/auto.master 文件,输入以下内容。

```
/mnt            /etc/auto.mnt               --timeout 200
```

(2) 编辑/etc/auto.mnt 文件,输入以下内容。

```
media     -fstype=iso9660,ro          :/dev/cdrom
```

(3) 启动服务。

```
service autofs restart
```

8.5　磁盘管理相关命令

1. 查看计算机磁盘及分区情况

/proc/partitions 文件中存放着计算机中所有磁盘和分区的信息,文件内容如图 8-10 所示。其中,majosr 为块设备每个分区的主设备号,minor 为次设备号,"♯block"为每个分区所包含的块数目,name 为设备名称。

2. 探测分区改变

探测分区改变命令格式如下。

```
[root@localhost ~]# cat /proc/partitions
major minor  #blocks  name

   8     0   20971520 sda
   8     1     512000 sda1
   8     2   20458496 sda2
   8    16   10485760 sdb
 253     0   18391040 dm-0
 253     1    2064384 dm-1
```

图 8-10　/proc/partitions 文件内容

`partprobe [选项] 设备`

选项说明如下。

- -d：不更新内核。
- -s：显示磁盘分区信息的汇总。
- -h：显示帮助信息。
- -v：显示版本信息。

参数中的设备用于指定需要确认分区表改变的硬盘对应的设备文件。

使用 partprobe 命令可以在不重启系统的情况下更新内核中的硬盘分区表。创建新的分区后需要使用 partprobe 命令确认分区的改变。

3. 显示块设备相关属性

命令格式如下。

`blkid 设备名`

blkid 命令主要用于查询系统的块设备(包括交换分区)的文件系统类型、卷标、UUID 等信息。

【例 8-10】　查看块设备/dev/sda1 信息。

输入如下命令。

`blkid  /dev/sda1`

【例 8-11】　列出当前系统的已挂载文件系统的类型。

输入如下命令。

`blkid`

4. 查看/修改分区卷标

命令格式如下。

`e2label    (参数)`

参数说明如下。

- 文件系统：指定文件系统所对应的设备文件名。
- 新卷标：为文件系统指定新卷标。

【例 8-12】 将设备 /dev/sda1 卷标设置为 boot。

输入如下命令。

```
e2label    /dev/sda1    boot
```

【例 8-13】 查看设备/dev/sda1 的卷标。

输入如下命令。

```
e2label /dev/sda1
```

5. 调整\查看文件系统参数

命令格式如下。

```
tune2fs [选项] 设备
```

常用选项说明如下。

- -c max-mount-counts：设置强制自检的挂载次数，开启此选项之后，每 mount 一次，挂载次数增加 1，当超过"max-mount-counts"时就会强制自检。
- -l：查看文件系统信息。
- -L volume-label：类似 e2label 的功能，可以修改文件系统的卷标。
- -r：预留块数，调整系统保留空间。

【例 8-14】 设置强制检查文件系统的最大挂载次数为 15。

```
tune2fs -c 15 /dev/hda1
```

【例 8-15】 查看设备/dev/sda1 的文件系统信息。

```
tune2fs    -l    /dev/sda1
```

【例 8-16】 修改设备/dev/sda1 的卷标为 test。

```
tune2fs    -L    test    /dev/sda1
```

【例 8-17】 调整/dev/sda1 分区的保留空间为 20 000 个磁盘块。

```
tune2fs -r 20000 /dev/sda1
```

6. 查看文件系统相关信息

命令格式如下。

```
dumpe2fs [选项] 设备
```

常用选项为-h,定义为只显示超级块信息。

【例 8-18】　查看/dev/sda1 的文件系统信息。

```
dumpe2fs   /dev/sda1
```

7. 检查磁盘文件系统数据完整性的工具

这里简单介绍 fsck 和 e2fsck。

(1) fsck 命令格式如下。

```
fsck     [选项]    磁盘设备
```

常用选项说明如下。

- -a：如果检查有错,则自动修复。
- -t：指定要检查的文件系统的类型,如果在/etc/fstab 文件中定义了该类型或系统内核支持该类型,则不需此参数。

(2) e2fsck 命令格式如下。

```
e2fsck   [选项]    磁盘设备
```

常用选项为-a,定义检查磁盘分区时自动修复遇到的问题。

【例 8-19】　检查设备/dev/sda4,有异常自动修复。

```
e2fsck    -a  /dev/sda4
```

或

```
fsck      -a  /dev/sda4
```

8.6　虚拟内存相关命令

虚拟内存最早于 1956 年由德国物理学家提出。1959 年在美国 Atlas 计算机上实现。1961 年美国发布第一台具有虚拟内存的商用计算机;1982 年美国 Intel x86 架构 80286 计算机引入了虚拟内存的概念。

虚拟内存从概念的首次提出到技术的首次应用均由欧美主导。由于历史原因,我国在很多高新技术的研发方面起步较晚,在操作系统核心技术上的发展滞后。习近平总书记强调"科技是国家强盛之基,创新是民族进步之魂"。党的十八大以来,以习近平同志为核心的党中央坚持实施创新驱动发展战略,把科技自立自强作为国家发展的战略支撑,健全新型举国体制,强化国家战略科技力量,加强基础研究,推进关键核心技术攻关与自主创新,加强建设创新型国家和世界科技强国。我们要牢记习近平总书记的嘱托,在科研上攻坚克难,坚持以国家经济建设和科技发展的重大需求为己任,为解决"卡脖子"难题贡献智慧和力量。

1. free 命令

free 命令用于监控 Linux 内存使用情况。

命令格式如下。

```
free [选项]
```

常用选项说明如下。

- -m：以 MB 为单位查看内存使用情况(默认显示的数据单位是 KB)。
- -b：以 B 为单位查看内存使用情况。

【例 8-20】 查看 Linux 内存使用情况。

输入 free 命令,运行结果如图 8-11 所示。

```
[root@localhost ~]# free
              total       used       free     shared    buffers     cached
Mem:        1030492     457812     572680       3764      14812     279076
-/+ buffers/cache:      163924     866568
Swap:       2064380          0    2064380
```

图 8-11　free 命令运行结果

free 命令的输出有 4 行,第 1 行是标题行;第 2 行 Mem 显示物理内存的使用情况;第 3 行－/＋ buffers/cache 是从应用程序角度显示系统的使用情况;第 4 行是显示交换分区的使用情况。

【例 8-21】 以 MB 为单位查看内存使用情况。

命令的输入及运行结果如图 8-12 所示。

```
[root@localhost ~]# free -m
              total       used       free     shared    buffers     cached
Mem:           1006        449        557          3         15        272
-/+ buffers/cache:         161        844
Swap:          2015          0       2015
```

图 8-12　以 MB 为单位显示内存使用情况

2. mkswap 命令

mkswap 命令可以在文件或者设备上建立交换分区。使用 mkswap 命令建立交换分区后,通过 swapon 命令和 swapoff 命令激活和关闭这个交换区,命令格式如下。

```
mkswap  [选项] 设备文件
```

常用选项为-c,定义建立交换区前先检查是否有损坏的区块。

【例 8-22】 将/dev/sdb2 设置为交换分区,检查分区前先检查分区是否有坏块。假定已经用 fdisk 命令建立了分区/dev/sdb2。

命令行输入如下所示。

```
mkswap  -c  /dev/sdb2
```

3. swapon 命令

命令格式如下。

swapon　[选项] 交换文件或交换分区对应的设备文件

常用选项说明如下。
- -a：将/etc/fstab 文件中所有设置为 swap 的设备启动为交换区。
- -h：显示帮助。
- -p<优先顺序>：指定交换区的优先顺序。
- -s：显示交换区的使用状况。
- -V：显示版本信息。

【例 8-23】　启用例 8-21 中建立的交换分区。

命令行输入如下所示。

swapon　/dev/sdb2

4. swapoff 命令

命令格式如下。

swapoff　[选项] 交换文件或交换分区对应的设备文件

常用选项为-a，定义关闭配置文件/etc/fstab 中所有的交换空间。

【例 8-24】　禁用例 8-23 中激活的交换分区。

命令行输入如下所示。

swapoff　/dev/sdb2

8.7　独立磁盘阵列 RAID

1. 独立磁盘阵列 RAID

RAID 是 redundant arrays of independent disks 的单词缩写，意思是"独立磁盘冗余阵列"，就是将多个价格相对便宜的磁盘组成一个磁盘阵列组，当作一个硬盘来使用，将数据以分段的方式分散存储在磁盘阵列组中，使性能达到甚至超过一个价格高昂、容量巨大的硬盘。

RAID 级别指的是磁盘阵列的组成方式。RAID 技术经过不断的发展，到目前为止已经出现了 8 种基本的 RAID 级别，分别是 RAID0、RAID1、RAID0＋1、RAID2、RAID3、RAID4、RAID5、RAID6 和 RAID7。RAID 的级别高低并不代表技术水平的高低，而是实现方式存在差异，用户可以根据需要选取适当的 RAID 级别。

下面简单介绍最常见的 3 种 RAID 级别,即 RAID0、RAID1 和 RAID5。

1) RAID0

RAID0 又称为 Stripe 或 Striping,它的存储性能较高。

RAID0 是将数据分散存储在多个磁盘中而不是存储在一个磁盘中。系统的数据请求可以被多个磁盘并行执行,每个磁盘负责读取或写入存放在自己这里的数据。RAID0 没有数据冗余。

2) RAID1

RAID1 又称为 Mirror 或 Mirroring(镜像),数据冗余度最高,成本较高。

RAID1 由偶数个磁盘构成,每对独立磁盘之间相互备份数据,当一个磁盘失效时,镜像磁盘可继续工作,所以它的安全度较高。对于成对的磁盘,当原始数据盘工作繁忙时,系统可从镜像盘读取数据,它的读取性能也有所提高。

3) RAID5

RAID5 可以看作 RAID0 和 RAID1 的折中方案,它综合考虑了存储性能、成本和数据安全,具有与 RAID0 相近的数据读取速度。RAID5 采用奇偶校验法,需要存储奇偶校验位,数据安全度、数据冗余度和存储成本介于 RAID1 和 RAID0 之间。RAID5 是目前应用较广的一种方案。

如果不要求数据冗余,RAID0 的性能最佳,但是安全性较低。如果主要考虑冗余性和性能,RAID1 的安全性好,但是数据冗余度最高。如果综合考虑冗余性、成本和性能,则可以考虑选择 RAID5。

2. RAID 实现

RAID 实现分为硬 RAID 和软 RAID 两种。

所谓硬 RAID 是指通过硬件(即专门的 RAID 控制器)实现 RAID,RAID 控制器负责将磁盘配置成一个虚拟的 RAID 磁盘卷。硬 RAID 独立于操作系统,组成硬 RAID 的磁盘对操作系统是透明的,即操作系统不知道 RAID 是由多个磁盘组成,只能看到由 RAID 控制器和磁盘组成的磁盘阵列(即虚拟磁盘)。

所谓软 RAID 就是通过软件实现 RAID,它没有 RAID 控制器,借助软件层模拟实现 RAID。组成软 RAID 的磁盘对操作系统而言是可见的,对用户是透明的,即用户感觉不到 RAID 的存在,而是将虚拟的 RAID 卷当作一个普通磁盘进行操作。

3. 软 RAID 命令 mdadm

mdadm 是 multiple devices admin 的简称,它的功能是在 Linux 系统中创建和管理软 RAID,命令格式如下。

```
mdadm [模式] <RAID 设备> [选项] <设备>
```

其中,模式有 Create、Assemble、Build、Create、Manage、Misc、Follow or Monitor 和 Grow。这里仅介绍常用的模式及在该模式下常用的选项。

(1) -C,--create:Create 模式,创建一个新的阵列,每个设备的具有超级块。

常用选项如下。

- -l：级别，如：l=1，表示创建 RAID1。
- -n：设备个数。
- -a：{yes|no} 自动为其创建设备文件。
- -c：指定数据块大小(chunk)。
- -x：指定空闲盘(热备磁盘)个数，空闲盘(热备磁盘)能在工作盘损坏后自动顶替。

(2) Manage 模式：管理阵列(如添加和删除)。

常用选项如下。

- --add：给 RAID 在线添加设备(可用于添加热备盘)。
- --re-add：给 RAID 重新添加一个以前被移除的设备。
- --remove：移除设备，只能移除 failed(失效)和 spare(热备)设备。
- --fail：使 RAID 中某个设备变成 failed 状态，该选项后面跟的是设备名。

(3) -G,--grow：Grow 模式，用于增加磁盘，为阵列扩容。

(4) -A,--assemble：Assemble 模式，将原来属于一个阵列的每个块设备组装为阵列。

【例 8-25】　用/dev/sdb1 和/dev/sdb2 创建 RAID0，RAID 设备名为/dev/md0。
命令行输入如下。

```
mdadm -C /dev/md0 -a yes -l 0 -n 2 /dev/sdb1 /dev/sdb2
```

注意用于创建 RAID 磁盘分区的类型为 fd。

【例 8-26】　查看 RAID 设备/dev/md0 的状态。
命令行输入如下。

```
mdadm -D /dev/md0
```

或

```
mdadm -detail /dev/md0
```

【例 8-27】　模拟 RAID 设备/dev/md1 的磁盘/dev/sdb3 损坏，将该磁盘移除，并添加一块新的硬盘/dev/sdb5 到阵列，新增加的硬盘需要与原硬盘大小一致。
模拟损坏，命令行输入如下。

```
mdadm /dev/md1    -f  /dev/sdb3
```

移除损坏磁盘，命令行输入如下。

```
mdadm /dev/md1 -r /dev/sdb3
```

添加新硬盘到阵列，命令行输入如下。

```
mdadm /dev/md1 -a /dev/sdb5
```

【例 8-28】　停止阵列/dev/md0,然后再启动阵列/dev/md0。

停止阵列,命令行输入如下。

```
mdadm -S /dev/md0
```

启动阵列,命令行输入如下。

```
mdadm -As /dev/md0
```

第三部分
网络与服务器配置

第三部分主要介绍网络技术基础知识,包括 Linux 操作系统网络管理,Linux 操作系统在 NFS、WWW、FTP 等网络服务方面的配置及应用。

第9章 网络技术基础

Linux 系统具有强大的网络功能,其完善地支持 TCP/IP,内置了很丰富的免费网络服务器软件、数据库和网页的开发工具。

近年来,我国互联网企业快速发展,形成一批规模较大、有国际影响力的大型企业,在提高资源配置效率、推动技术创新和产业变革、优化社会公共服务、畅通国内国际双循环等方面发挥了重要作用,日益成为建设网络强国和推动我国经济社会高质量发展的中坚力量。

9.1 计算机网络体系结构

计算机网络在信息化社会中发挥着重要的作用,网络功能是 Linux 操作系统的优势之一,完善的内置网络功能使 Linux 系统具有高稳定的系统资源分配机制及较为安全的网络防护能力,所以 Linux 操作系统是架设网络服务器的首选之一。在了解 Linux 网络功能之前需先简单了解一下计算机网络。

计算机网络是由地理位置不同的、具有独立功能的多台计算机及其外部设备通过通信线路连接起来形成的,在网络操作系统、网络管理软件及网络通信协议的管理和协调下,其成为了实现资源共享和信息传递的计算机系统。计算机网络是非常复杂的,需要解决的问题很多并且性质各不相同,所以,人们在设计 ARPANET(Advanced Research Projects Agency network,阿帕网)时就提出了"分层"的思想,即将庞大、复杂的问题分为若干较小的、易于处理的局部问题。为此,国际标准化组织(ISO)于 1977 年提出开放系统互连参考模型 OSI/RM(open systems interconnection reference model)网络体系结构,该结构将网络分为 7 层,从低到高分别是物理层、数据链路层、网络层、传输层、会话层、表示层和应用层。然而,OSI/RM 只是取得了一些理论成果,互联网(internet)并没有采用该模型,而是采用了 TCP/IP 体系结构,并获得巨大成功。TCP/IP 体系结构分 4 层,即应用层、运输层、网际层和网络接口层,而一般开放系统互联(OSI)模型和 TCP/IP 模型将互联网分为 5 个层次,自顶向下分别是应用层、运输层、网络层、数据链路层和物理层。

1. 应用层

应用层包括了众多的应用与应用支撑协议。常见的应用层协议包括文件传输协议(FTP)、超文本传输协议(HTTP)、简单邮件传输协议(SMTP)、远程登录(Telnet)。常见的应用支撑协议包括域名服务(DNS)和简单网络管理协议(SNMP)等。

应用层协议分布在多个端系统上,一个端系统中的应用程序使用协议与另一个端系统中的应用程序交换信息分组。这种位于应用层的信息分组被称为报文(message)。

2. 运输层

运输层协议主要包含 TCP 和 UDP 两个协议。TCP(transport control protocol,传输控制协议)是面向连接的协议,用三次握手和滑动窗口机制保证传输的可靠性并进行流量控制。UDP(user datagram protocol,用户数据报协议)是面向无连接的不可靠运输层协议。这种运输层分组被称为报文段(segment)。一个主机中同时存在多个正在运行的应用程序,传输层使用端口号(port)标识究竟是哪个应用程序和另一个端系统中特定的应用程序在通信。

3. 网络层

网络层的分组称为数据报(datagram),主要功能就是将数据报从一台主机转移到另一台主机。网络层包括多个重要协议如 ARP、RARP、IP、ICMP 和 IGMP 等,最核心的是互联网协议(Internet protocol,IP)。IP 协议通过给网络中的主机分配 IP 地址以找到应用程序的通信主机。

4. 数据链路层

数据链路层最基本的功能是向该层用户提供透明的和可靠的基本数据传送服务,最基本的服务是将源自网络层的数据可靠地传输到相邻结点的目标机网络层。链路层数据分组称为帧(frame)。链路层包括以太网、WiFi 和点对点协议(PPP)。以太网中各设备使用 MAC 地址用来标识特定主机。MAC 地址用于局域网通信,IP 地址用于网际通信,二者通过 ARP 和 RARP 协议相互转换。

5. 物理层

物理层的任务是透明地传输比特流。物理层上传输数据的单位是 bit(比特)。

9.2　TCP/IP

TCP/IP(transmission control protocol/internet protocol)即为传输控制协议/互联网协议,是互联网最基本的协议,也是计算机网络的一套工业标准协议。互联网之所以能将广阔范围内各种各样网络系统的计算机互联,主要是因为应用了"统一天下"的 TCP/IP。

在应用 TCP/IP 的网络环境中,为了唯一地确定一台主机的位置,必须为 TCP/IP 指定 3 个参数,即 IP 地址、子网掩码和网关地址。

IP 地址就是给每个连接到互联网的主机(或路由器)分配一个在全世界范围是唯一的 32 位的标识符,即由 4 字节组成,由互联网名称与数字地址分配机构(Internet Corporation for Assigned Names and Numbers,ICANN)进行分配。为了方便用户阅读和理解,标识符通常采用"点分十进制方法"表示,每字节为一部分,中间用点号分隔开来。如 218.27.6.130 就是吉林师范大学校园网主页的 IP 地址。IP 地址又可分为两部分,即

＜网络号，主机号＞，网络号表示网络规模的大小，主机号表示网络中主机的地址编号。

　　按照网络规模的大小，IP 地址可以分为图 9-1 所示的 A、B、C、D、E 五类，其中 A、B、C 类地址是 3 种主要的类型，D 类是专供多目传送用的多目地址，E 类用于扩展备用地址。

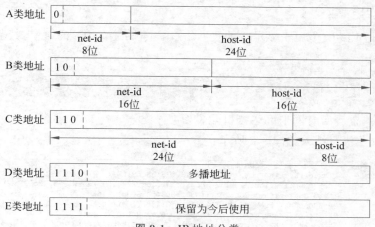

图 9-1　IP 地址分类

其中有些 IP 地址是特殊地址，如 127.0.0.0 被保留为本地软件回环测试本主机之用。网络地址全 1 表示本网络，主机地址全 0 表示该主机所在的网络地址，主机地址全 1 表示该网络上的所有主机。

　　为了快速确定 IP 地址的哪部分代表网络号，哪部分代表主机号，以及判断两个 IP 地址是否属于同一网络，就产生了子网掩码的概念。子网掩码给出了整个 IP 地址的位模式，其中的 1 代表网络部分，0 代表 IP 主机号部分，应用中采用"点式十进制"表示，用以帮助人们确定 IP 地址网络号在哪结束，主机号从哪开始。A、B、C 三类网络的标准默认掩码为：A 类是 255.0.0.0，B 类是 255.255.0.0，C 类是 255.255.255.0。如果在互联网进行通信的两台主机的 IP 地址分别为 192.183.92.10 和 192.183.92.32，那么子网掩码 255.255.255.0 将分别对两个 IP 地址进行与(and)运算以得出网络号，因结果一致，故可以判断这两个 IP 地址属于同一个网络。

　　为了在网络分段情况下有效地利用 IP 地址，可以取主机号的高位部分作为子网号，从通常的 8 位界限中扩展子网掩码，用以创建某类地址的更多子网。但创建更多的子网时，在每个子网上的可用主机地址数目会减少。要确定更多子网的子网掩码，首先应确定传输 IP 信息流的网段的数目，然后确定能够容纳网段数的最低子网掩码数目。

　　要使两个完全不同的网络(异构网)连接在一起，一般应使用网关，在互联网中两个网络也要通过一台被称为网关的计算机实现互联。这台计算机能根据用户通信目标计算机的 IP 地址决定是否将用户发出的信息送出本地网络；同时，它还将外界发送给属于本地网络计算机的信息接收过来，它是一个网络与另一个网络相连的通道。为了使 TCP/IP 能够寻址，该通道被赋予一个 IP 地址，这个 IP 地址被称为网关地址。

9.3　Linux 常用网络命令

9.3.1　ifconfig 命令

ifconfig 是 Linux 中用于显示或配置网络设备(网络接口卡)的命令,其基本语法格式如下。

```
ifconfig [网络设备名][IP<地址>][netmask<子网掩码>][down|up]
```

【例 9-1】　查看所有网卡网络接口配置。

输入命令及执行结果如图 9-2 所示。

```
[yjs@bogon nfs_server]$ ifconfig
eth0      Link encap:Ethernet  HWaddr 00:0C:29:58:F9:C0
          inet addr:192.168.220.132  Bcast:192.168.220.255  Mask:255.255.255.0
          inet6 addr: fe80::20c:29ff:fe58:f9c0/64 Scope:Link
          UP BROADCAST RUNNING MULTICAST  MTU:1500  Metric:1
          RX packets:4403 errors:0 dropped:0 overruns:0 frame:0
          TX packets:982 errors:0 dropped:0 overruns:0 carrier:0
          collisions:0 txqueuelen:1000
          RX bytes:357527 (349.1 KiB)  TX bytes:105504 (103.0 KiB)

lo        Link encap:Local Loopback
          inet addr:127.0.0.1  Mask:255.0.0.0
          inet6 addr: ::1/128 Scope:Host
          UP LOOPBACK RUNNING  MTU:65536  Metric:1
          RX packets:468 errors:0 dropped:0 overruns:0 frame:0
          TX packets:468 errors:0 dropped:0 overruns:0 carrier:0
          collisions:0 txqueuelen:0
          RX bytes:49036 (47.8 KiB)  TX bytes:49036 (47.8 KiB)
```

图 9-2　显示网卡配置情况

eth0 是以太网卡,IPv4 地址为 192.168.220.132,MAC 地址为 00:0C:29:58:F9:C0,子网掩码为 255.255.255.0;lo 的 IPv4(127.0.0.1)是本地回送地址。

【例 9-2】　禁用网卡 eth0。

输入命令及执行结果如下。

```
[root@CentOS ~]#ifconfig eth0 down
[root@CentOS ~]#ifconfig
lo        Link encap:Local Loopback
          inet addr:127.0.0.1  Mask:255.0.0.0
          inet6 addr: ::1/128 Scope:Host
          UP LOOPBACK RUNNING  MTU:65536  Metric:1
          RX packets:16 errors:0 dropped:0 overruns:0 frame:0
          TX packets:16 errors:0 dropped:0 overruns:0 carrier:0
          collisions:0 txqueuelen:0
          RX bytes:960(960.0 b)  TX bytes:960(960.0 b)
```

【例 9-3】　配置 eth0 IP 地址和子网掩码并激活网卡。

输入命令及执行结果如下。

```
[root@CentOS ~]#ifconfig eth0 192.161.214.129 netmask 255.255.255.0 up
[root@CentOS ~]#ifconfig
eth0      Link encap:Ethernet   HWaddr 00:0C:29:97:F6:9C
          inet addr:192.161.214.128   Bcast:192.161.214.255   Mask:255.255.
255.0
          inet6 addr: fe80::20c:29ff:fe97:f69c/64 Scope:Link
          UP BROADCAST RUNNING MULTICAST  MTU:1500  Metric:1
          RX packets:5230 errors:0 dropped:0 overruns:0 frame:0
          TX packets:4802 errors:0 dropped:0 overruns:0 carrier:0
          collisions:0 txqueuelen:1000
          RX bytes:415129(405.3 KiB)   TX bytes:1302705(1.2 MiB)

lo        Link encap:Local Loopback
          inet addr:127.0.0.1  Mask:255.0.0.0
          inet6 addr: ::1/128 Scope:Host
          UP LOOPBACK RUNNING  MTU:65536  Metric:1
          RX packets:16 errors:0 dropped:0 overruns:0 frame:0
          TX packets:16 errors:0 dropped:0 overruns:0 carrier:0
          collisions:0 txqueuelen:0
          RX bytes:960(960.0 b)   TX bytes:960(960.0 b)
```

9.3.2　ping 命令

ping(packet internet groper)是互联网分组探测器,是用于测试网络连接量的程序。利用 ping 命令可以检查网络是否连通,可以很好地帮助人们分析和判定网络故障。ping 命令可以发送一个 ICMP 包;回声请求消息给目的地并报告是否收到所希望的 ICMP(internet control message protocol,互联网控制报文协议)回声应答。网络上的机器都有唯一确定的 IP 地址,每次给目标 IP 地址发送一个数据包,对方就要返回一个同样大小的数据包,根据返回的数据包就可以确定目标主机的存在,可以初步判断目标主机的操作系统等。

ping 命令的基本语法格式如下。

```
ping [IP<地址>|域名]
```

【例 9-4】　测试检查本地的 TCP/IP 有没有设置好。

输入命令及执行结果如图 9-3 所示。

```
[yjs@bogon nfs_server]$ ping 127.0.0.1
PING 127.0.0.1 (127.0.0.1) 56(84) bytes of data.
64 bytes from 127.0.0.1: icmp_seq=1 ttl=64 time=0.018 ms
64 bytes from 127.0.0.1: icmp_seq=2 ttl=64 time=0.033 ms
64 bytes from 127.0.0.1: icmp_seq=3 ttl=64 time=0.045 ms
```

图 9-3　测试本地 TCP/IP

【例 9-5】　测试本机 IP 地址是否设置有误。

```
ping 本机 IP 地址
```

【例 9-6】　测试和百度网站是否连通。

输入命令及执行结果如下。

```
[root@CentOS ~]#ping www.baidu.com
PING www.a.shifen.com(61.135.169.125)56(84)bytes of data.
64 bytes from 61.135.169.125: icmp_seq=1 ttl=128 time=32.5 ms
64 bytes from 61.135.169.125: icmp_seq=2 ttl=128 time=27.5 ms
64 bytes from 61.135.169.125: icmp_seq=3 ttl=128 time=33.5 ms
```

【例 9-7】　使用 ping 命令测试网络是否连通。

连通问题是由许多原因引起的,如本地配置错误、远程主机协议失效等,当然还包括设备造成的故障。使用 ping 命令检查连通性有下列 6 个步骤。

(1) 使用 ifconfig 命令观察本地网络设置是否正确。

(2) ping 127.0.0.1,127.0.0.1 是回送地址,ping 回送地址是为了检查本地的 TCP/IP 有没有设置好。

(3) ping 本机 IP 地址,这样是为了检查本机的 IP 地址是否设置有误。

(4) ping 本网网关或本网 IP 地址,这样做是为了检查硬件设备是否有问题,也可以检查本机与本地网络连接是否正常(在非局域网中这一步骤可以忽略)。

(5) ping 本地 DNS 地址,这样做是为了检查 DNS 是否能够将 IP 正确解析。

(6) ping 远程 IP 地址,这主要是检查本网或本机与外部的连接是否正常。

9.3.3　netstat 命令

netstat 命令用于显示与 IP、TCP、UDP 和 ICMP 协议相关的统计数据,一般用于检验本机各端口的网络连接情况。netstat 命令是在内核中访问网络及相关信息的程序,它能提供 TCP 连接、TCP 和 UDP 监听、进程内存管理的相关报告。netstat 命令的功能是显示网络连接、路由表和网络接口信息,可以让用户得知有哪些网络连接正在工作。

基本语法格式如下。

```
netstat [option]
```

常用选项及含义说明如下。

- -a:显示所有套接字(socket),包括正在被监听的。
- -e:显示以太网统计。此选项可以与 -s 选项结合使用。
- -s:显示每个协议的统计。
- -i:显示所有网络接口的信息。
- -l:仅列出在 Listen(监听)的服务状态。
- -n:以网络 IP 地址代替名称,显示出网络连接情形。
- -t:显示 TCP 的连接情况。
- -u:显示 UDP 的连接情况。
- -p:显示指定协议信息。
- -r:显示核心路由表。

【例 9-8】　无参数 netstat 命令的使用。

netstat 命令的执行结果如图 9-4 所示。

```
[yjs@localhost ~]$ netstat -lt
Active Internet connections (only servers)
Proto Recv-Q Send-Q Local Address              Foreign Address         State
tcp        0      0 *:ssh                      *:*                     LISTEN
tcp        0      0 localhost:ipp              *:*                     LISTEN
tcp        0      0 localhost:smtp             *:*                     LISTEN
tcp        0      0 *:47872                    *:*                     LISTEN
tcp        0      0 *:sunrpc                   *:*                     LISTEN
tcp        0      0 *:ssh                      *:*                     LISTEN
tcp        0      0 localhost:ipp              *:*                     LISTEN
tcp        0      0 localhost:smtp             *:*                     LISTEN
tcp        0      0 *:sunrpc                   *:*                     LISTEN
tcp        0      0 *:47728                    *:*                     LISTEN
```

图 9-4　无参数 netstat 命令的执行结果

从整体上看,netstat 命令的输出结果可以分为两个部分。

一个是 Active Internet connections(活动互联网连接),被称为有源 TCP 连接,其中 Recv-Q 和 Send-Q 指的是接收队列和发送队列。这些数字一般都应该是 0。如果不是 0, 则表示软件包正在队列中堆积,这种情况非常少见。

另一个是 Active UNIX domain sockets,被称为有源 UNIX 域套接口(和套接字一样,但是只能用于本机通信,性能可以提高一倍)。

Proto 显示连接使用的协议,RefCnt 表示连接到本套接口上的进程号,Types 显示套接口的类型,State 显示套接口当前的状态,Path 表示连接到套接口的其他进程使用的路径名。

套接口有如下类型。

- -t：TCP。
- -u：UDP。
- -raw：RAW 类型。
- --unix：UNIX 域类型。
- --ax25：AX25 类型。
- --ipx：ipx 类型。
- --netrom：netrom 类型。

状态(State)说明如下。

- LISTEN：侦听来自远方的 TCP 端口的连接请求。
- SYN-SENT：在发送连接请求后等待匹配的连接请求。
- SYN-RECEIVED：在收到和发送一个连接请求后等待对方对连接请求被确认。
- ESTABLISHED：代表一个已打开的连接。
- FIN-WAIT-1：等待远程 TCP 连接中断请求,或先前的连接中断请求被确认。
- FIN-WAIT-2：从远程 TCP 等待连接中断请求。
- CLOSE-WAIT：等待从本地用户发来的连接中断请求。
- CLOSING：等待远程 TCP 对连接中断的确认。

- LAST-ACK：等待原来的发向远程 TCP 的连接中断请求被确认。
- TIME-WAIT：等待足够的时间以确保远程 TCP 接收到连接中断请求被确认。
- CLOSED：没有任何连接状态。

【例 9-9】 显示路由表信息。

输入命令及执行结果如图 9-5 所示。

```
[root@CentOS ~]# netstat -r
Kernel IP routing table
Destination       Gateway          Genmask           Flags    MSS Window     irtt Iface
192.161.214.0     *                255.255.255.0     U          0 0            0 eth0
default           192.161.214.2    0.0.0.0           UG         0 0            0 eth0
```

图 9-5　路由表信息显示

【例 9-10】 显示所有网络接口信息。

输入命令及执行结果如图 9-6 所示。

```
[yjs@bogon nfs_server]$ netstat -i
Kernel Interface table
Iface       MTU Met    RX-OK RX-ERR RX-DRP RX-OVR    TX-OK TX-ERR TX-DRP TX-OVR Flg
eth0       1500   0     4374      0      0      0      980      0      0      0 BMRU
lo        65536   0      468      0      0      0      468      0      0      0 LRU
```

图 9-6　显示所有网络接口信息

【例 9-11】 显示 TCP 连接状态信息。

输入命令及执行结果如图 9-7 所示。

```
[yjs@bogon nfs_server]$ netstat -t
Active Internet connections (w/o servers)
Proto Recv-Q Send-Q Local Address          Foreign Address          State
tcp        0      0 bogon:55263            a95-101-72-51.deploy.a:http ESTABLISHED
```

图 9-7　显示 TCP 连接状态

【例 9-12】 列出所有处于被监听状态的套接字。

输入命令及执行结果如图 9-8 所示。

```
[yjs@bogon nfs_server]$ netstat -l
Active Internet connections (only servers)
Proto Recv-Q Send-Q Local Address          Foreign Address          State
tcp        0      0 *:41649                *:*                      LISTEN
tcp        0      0 *:46804                *:*                      LISTEN
tcp        0      0 *:ssh                  *:*                      LISTEN
tcp        0      0 localhost:ipp          *:*                      LISTEN
tcp        0      0 *:52248                *:*                      LISTEN
tcp        0      0 localhost:smtp         *:*                      LISTEN
tcp        0      0 *:nfs                  *:*                      LISTEN
```

图 9-8　列出处于监听状态的信息

【例 9-13】 只列出所有监听 UDP 的端口。

输入命令及执行结果如图 9-9 所示。

【例 9-14】 找出程序运行的端口。

输入命令及执行结果如图 9-10 所示。

```
[yjs@bogon nfs_server]$ netstat -lu
Active Internet connections (only servers)
Proto Recv-Q Send-Q Local Address          Foreign Address          State
udp       0      0 localhost:956           *:*
udp       0      0 *:bootpc                *:*
udp       0      0 *:34122                 *:*
udp       0      0 *:rquotad               *:*
udp       0      0 *:sunrpc                *:*
udp       0      0 *:56945                 *:*
udp       0      0 *:ipp                   *:*
udp       0      0 *:nfs                   *:*
```

图 9-9　显示所有监听 UDP 的端口

```
[yjs@localhost ~]$ sudo netstat -ap | grep rpcbind
tcp       0      0 *:sunrpc              *:*                 LISTEN      1898/rpcbind
tcp       0      0 *:sunrpc              *:*                 LISTEN      1898/rpcbind
udp       0      0 *:sunrpc              *:*                             1898/rpcbind
udp       0      0 *:device              *:*                             1898/rpcbind
udp       0      0 *:sunrpc              *:*                             1898/rpcbind
udp       0      0 *:device              *:*                             1898/rpcbind
unix  2      [ ACC ]     STREAM     LISTENING     14203  1898/rpcbind    /var/run/rpcbind.sock
unix  3      [ ]         STREAM     CONNECTED     27414  1898/rpcbind    /var/run/rpcbind.sock
```

图 9-10　显示所有程序运行的端口

【例 9-15】　找出运行在指定端口的进程。

输入命令及执行结果如图 9-11 所示。

```
[yjs@localhost ~]$ sudo netstat -anpt | grep ':1819'
[yjs@localhost ~]$ sudo netstat -anpt | grep ':22'
tcp       0      0 0.0.0.0:22           0.0.0.0:*           LISTEN      2233/sshd
tcp       0      0 :::22                :::*                LISTEN      2233/sshd
```

图 9-11　显示在指定端口运行的进程

9.3.4　arp 命令

ARP 是地址解析协议(address resolution protocol),作用是根据 IP 地址获取物理地址。主机在发送信息时将包含目标 IP 地址的 ARP 请求广播到网络上的所有主机,并接收返回消息,以此确定目标的物理地址;收到返回消息后将该 IP 地址和物理地址存入本机 ARP 缓存中并保留一定时间,下次请求时直接查询 ARP 缓存以节约资源。Linux 系统中 arp 命令用于显示和修改"地址解析协议"缓存中的项目。只有当 TCP/IP 在网络连接中安装为网络适配器属性的组件时该命令才可用。

常见用法如下。

1. "arp -a"或"arp -g"命令

"arp -a"或"arp -g"命令用于查看高速缓存中的所有项目。-a 和-g 参数的结果是相同的,多年来-g 一直是 UNIX 平台用来显示 arp 高速缓存中所有项目的选项,而 Windows 系统用的是 arp -a(-a 可被视为 all,即全部的意思),但它也可以接受比较传统的-g 选项。

2. "arp -a IP 地址"命令

如果有多个网卡,那么使用 arp -a 加上接口的 IP 地址就可以只显示与该接口相关的

arp 缓存项目。

3.“arp -s IP 地址 MAC 物理地址”命令

“arp -s IP 地址 MAC 物理地址”命令向 arp 高速缓存中手工输入一个静态项目。该项目在计算机引导过程中将保持有效状态,或者在出现错误时,手工配置的物理地址将自动更新该项目。

4.“arp -d IP 地址”命令

使用“arp -d IP 地址”命令能够手工删除一个静态项目。

【例 9-16】　查看高速缓存中所有 arp 信息。

输入命令及执行结果如图 9-12 所示。

```
arp -a
Address                    HWtype  HWaddress          Flags Mask          Iface
192.161.214.2              ether   00:50:56:f3:c1:1f  C                    eth0
192.161.214.254            ether   00:50:56:fa:e0:d0  C                    eth0
```

图 9-12　显示高速缓存中的所有项目

9.3.5　iptables 命令

iptables 是用来设置、维护和检查 Linux 内核的 IP 包过滤规则的命令,其可以将规则组成一个列表,实现绝对详细的访问控制功能。iptables 命令内置了 3 张表,它们是 Filter 表、NAT 表和 Mangle 表,分别实现包过滤、网络地址转换和包重构的功能。

iptables 定义规则的方式比较复杂,具体的命令格式如下。

```
iptables [-t table] COMMAND chain CRETIRIA -j ACTION
```

具体含义如下。

- -t table:3 个 filter nat mangle。
- COMMAND:定义如何对规则进行管理。
- chain:指定自己接下来的规则到底是在哪个链上操作的。
- CRETIRIA:指定匹配标准。
- -j ACTION:指定如何进行处理。

【例 9-17】　开放编号为 22 的 TCP 端口。

```
[root@CentOS ~]#iptables -I INPUT -p tcp --dport 22 -j ACCEPT
```

【例 9-18】　不允许 172.16.0.0/16 的主机 UDP 访问 53 号端口。

```
iptables -t filter -A INPUT -s 172.16.0.0/16 -p udp --dport 53 -j DROP
```

当然如果想拒绝得更彻底则可以用以下方式。

```
iptables -t filter -R INPUT 1 -s 172.16.0.0/16 -p udp --dport 53 -j REJECT
```

【例 9-19】　允许 192.168.100.0/24 网段的机器发送数据包从 eth0 网卡进入。数据包是 TCP,目的端口号是 3128,而且数据包的状态必须是 NEW 或者 ESTABLISHED (NEW 代表 TCP 三段式握手的"第一握";ESTABLISHED 表示通过握手已经建立起链接)通过。

```
iptables -A INPUT -i eth0 -s 192.168.100.0/24 -p tcp --dport 3128 -m state --
    state NEW,ESTABLISHED -j ACCEPT
```

9.4　Linux 远程连接服务

远程连接服务是一项很有用的服务,可以让管理员更方便地管理网络上的主机。目前远程连接服务以显示的类型来分包括文字接口与图形接口两种。在以文字类型登录服务器时,主要远程连接方式有以明码传送数据的 Telnet 及以加密技术进行封包加密传输的 SSH。虽然 Telnet 可以支持的客户端软件比较多,不过由于其安全性不好,现在多已被 SSH 远程连接取代,所以本书主要介绍 SSH。图形接口的远程连接方式有 Xdmcp 和 VNC,Xdmcp 比较简单,不过客户端的软件比较少;VNC 是一款目前很常见的基于图形接口的远程连接服务器。

9.4.1　SSH 连接

传统的网络服务程序,如 FTP、POP 和 Telnet,在本质上都是不安全的,因为它们使用明文传输数据、用户账号和口令,很容易受到中间人篡改数据的攻击。而 SSH(secure shell)连接可以对所有传输的数据进行加密,是目前比较可靠的专为远程登录会话和其他网络服务提供安全连接的协议,利用 SSH 协议可以有效地防止远程管理过程中的信息泄露问题,也能够防止 DNS 欺骗和 IP 欺骗。SSH 由 IETF(Internet Engineering Task Force,因特网工程任务组)制定,是建立在应用层和传输层基础上的安全协议。本节将在 CentOS 6.6 下安装和配置 SSH 服务,并在 Windows 7 系统的客户机上安装 SSH 客户端,具体步骤如下。

(1) 安装和启动 SSH 服务。

① 检查 Linux 系统是否已安装 SSH 协议。

```
rpm -qa|grep ssh
```

CentOS 6.6 安装包中包含 openssh 软件,如果没有安装,那么可以使用 YUM 安装。

② 安装 SSH 协议。

```
yum install openssh openssh-server openssh-clients -y
```

③ 启动 SSH 协议。

使用 service 命令,如下所示。

```
service sshd start
```

或者直接使用 SSH 启动脚本,如下所示。

```
/etc/init.d/sshd start
```

④ 配置 SSH。

默认情况下经过以上操作 SSH 服务就可以使用,用户可以通过编辑/etc/ssh/sshd_config 下的配置文件增强 SSH 的服务功能,根据模板将要修改的参数注释去掉并修改参数值。

- "♯Port 22": 指定 SSH 连接的端口号,基于安全方面考量,不建议使用默认的 22 号端口。
- "♯Protocol 2,1": 允许 SSH1 和 SSH2 连接,建议设置成 Protocal 2。

其他参数用户可以根据自身的需要进行调整,配置方法详见 man ssh_config 文件。

⑤ 修改客户机的屏蔽和允许规则。

修改/etc/hosts.deny 文件,在文件末尾添加如下行,这样就可以屏蔽来自所有用户的 SSH 连接请求。

```
sshd:All
```

修改/etc/hosts.allow 文件。如果为了安装,可以限制访问的 IP,设置如下。

```
sshd:192.161.0.101
sshd:192.161.0.102
```

上述配置表示只允许 IP 为 192.161.0.101 和 192.161.0.102 的服务器进行 SSH 连接。

(2) 安装 SSH 客户端并连接。

① 安装客户端程序。下载 SSH Secure Shell Client 客户端(本书使用版本为 3.2.9),然后默认安装即可。

② 远程登录。打开 SSH 客户端界面,如图 9-13 所示。

单击 Quick Connect 按钮,弹出图 9-14 所示的远程连接界面,输入 SSH 服务器的 IP、登录用户名,SSH 使用的端口号默认是 22。然后,单击 Connect 按钮并输入对应用户的密码,远程连接成功后将显示图 9-15 所示的登录字样:"Last login:Wed Feb 25 06:50:06 2015 from 192.161.214.1"。

一旦远程登录成功,用户就可以在 SSH 终端通过命令操作 SSH 主机。

用户也可以通过安全文件传输客户端(Secure File Transfer Client)和 SSH 主机进行双向文件传输,单击 SSH 主界面的文件传输工具按钮或安全文件传输菜单,打开图 9-16 所示的界面,左侧是客户机的目录信息,右侧是 SSH 主机的目录信息,文件传输时支持拖曳功能,将要传输的文件选中,拖到目标机的指定目录即可,界面下方是文件传输状态。

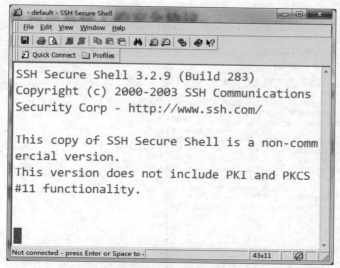

图 9-13　SSH 主界面

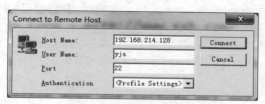

图 9-14　SSH 连接界面

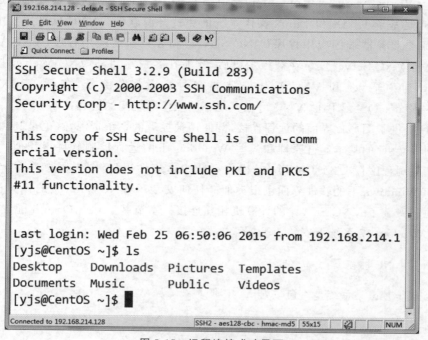

图 9-15　远程连接成功界面

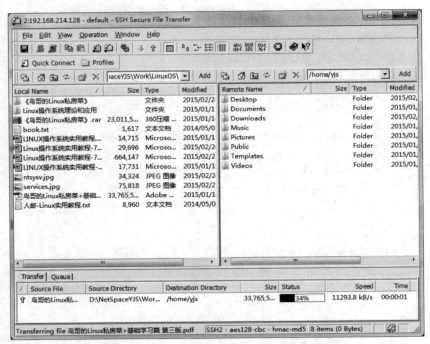

图 9-16　安全文件传输界面

9.4.2　VNC 连接

VNC(Virtual Network Computer)是由 AT&T 开发的一款优秀的轻量级远程控制工具软件,是基于 UNIX 和 Linux 操作系统的免费开源软件。VNC 软件主要由两部分组成,分别是服务器端的应用程序(VNC Server)和客户端的应用程序(VNC Viewer)。用户需要将 VNC Server 安装在被控主机后,才能在客户端启动 VNC Viewer 控制该远程主机。VNC Server 和 VNC Viewer 支持多种主流操作系统,包括 UNIX、Linux、Windows 及 macOS 等,因此 VNC 可以实现不同操作系统间的远程控制。

VNC 提供了图形化界面的远程连接,并使用被控端的系统资源,这也是其和 SSH 的最大区别。VNC 的基本运行原理和一些 Windows 下的远程控制软件很相似。VNC 的服务器端应用程序在 UNIX 和 Linux 操作系统中适应性很强,图形用户界面十分友好,看上去和 Windows 下的软件界面也很类似。任何安装了 VNC Viewer 的计算机都能十分方便地和安装了 VNC Server 的计算机相互连接。本节基于 CentOS 6.6 配置 VNC 服务器,在 Windows 7 系统下安装 VNC 客户端。

1. 配置 VNC 服务器

(1) 检查 Linux 系统是否已安装 VNC 服务。

```
rpm -qa | grep vnc-server
```

（2）安装 VNC 服务。

```
yum install vnc-server
```

CentOS 6.6 默认使用 tigervnc-server-1.1.0 版本。

（3）打开端口。VNC 服务支持多桌面，允许为每个桌面分配一个桌面号，每个用户的连接都需要占用一个桌面，每个桌面都通过一个 TCP 端口通信，VNC 默认 1 号桌面使用 5901 号端口，2 号桌面使用 5902 号端口，以此类推。如果 Linux 服务器开启了防火墙功能，那么还需要开放 TCP 对应的端口。

```
iptables -I INPUT -p tcp --dport 5901 -j ACCEPT
```

（4）启动 VNC 服务。

```
sudo vncserver :1
```

首次使用 VNC Server 需要设置初始密码，成功启动后将显示如下信息。

```
New 'CentOS.yjs:1(root)' desktop is CentOS.yjs:1
Creating default startup script /root/.vnc/xstartup
Starting applications specified in /root/.vnc/xstartup
Log file is /root/.vnc/CentOS.yjs:1.log
```

（5）配置 VNC 服务。VNC 所有配置文件都放在/root/.vnc 目录下，其中 passwd 文件存放 VNC 口令密文；xstartup 是系统自动为用户建立的配置文件，以后每次启动 VNC 服务都需要读取该文件中的配置。

为便于管理桌面与用户之间的关系，VNC 服务会将这些配置信息写入 vncservers 文件，并将之存放在/etc/sysconfig 目录下，用户可以通过如下语句配置 1 号桌面用户为 yjs，并修改桌面大小等参数。

```
#VNCSERVERS="1:yjs"
#VNCSERVERARGS[1]="-geometry 800x600 -nolisten tcp -localhost"
```

（6）修改密码。

利用 vncpasswd 命令可以修改客户端登录密码。

```
vncpasswd
Password:
Verify:
```

2. 配置 VNC 客户端。

（1）下载安装 VNC Viewer。到 VNC 官网 http://www.tightvnc.com/download.php 下载 tightvnc-2.7.10-setup-64bit.msi 安装程序，采用默认安装即可。

（2）远程登录。启动 TightVNC Viewer 进入 VNC 远程登录界面，如图 9-17 所示，

填写远程主机的 IP 和桌面号,然后单击 Connect 按钮,输入 VNC 密码,即可进入图 9-18
所示的桌面。

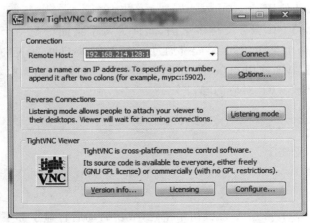

图 9-17　VNC 登录界面

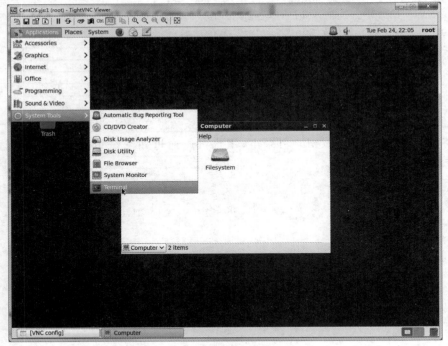

图 9-18　VNC 远程控制桌面

登录成功后可进入全屏状态,操作如同本地计算机一样。按下 Ctrl＋Alt＋Shift＋F
组合键可以退出全屏。

第 10 章　Linux 服务与进程管理

进程是具有独立功能的程序在某个数据集合上运行的过程；而服务则是一种只在后台运行的特殊程序，被称为守护进程。本章将介绍 Linux 下如何管理服务和进程。

10.1　Linux 服务

服务(service)就是主机提供的功能，包括系统功能和网络功能。当人们完成开机进入 Linux 系统后，系统会提供很多服务，如打印服务、工作排程服务等系统服务，SSH 服务、WWW 服务和邮件管理服务等网络服务。

10.1.1　Linux 服务简介

服务程序和普通的应用程序有一个根本的区别：服务程序可以在无用户登录或用户已经注销的情况下运行，而应用程序在没有用户登录或用户注销的时候会被终止。服务应用程序通常可以在本地或通过网络为用户提供一些功能，例如，客户端-服务器应用程序、WWW 服务器、数据库服务器以及其他基于服务器的应用程序。

服务按不同角度有不同分类方式。

- 依据提供的功能可分为系统服务和网络服务。
- 依据服务的启动与管理方式可分为独立启动的服务和统一管理的 xinetd 服务。

(1) 独立启动的服务。该服务启动后就会常驻内存，一直占用系统资源，但对服务请求的响应速度较快。

服务脚本被放置在/etc/init.d/(链接到/etc/rc.d/init.d/)目录中，几乎所有的 RPM 安装的套件启动脚本都在这里，由 init 脚本负责管理，独立运行服务包括 syslogd 和 cron 等。

(2) 由 xinetd 管理的服务。相对于独立启动的服务，这种服务的启动方式由一个被称为 xinetd(eXtended Internet daemon)的服务统一管理。xinetd 是一个独立启动的服务，其可同时监听多个指定的端口，能够在接受用户请求时根据用户请求的端口不同而启动不同的网络服务进程以处理这些用户请求。最常见到的网络服务就是 ftp。

xinetd 的启动脚本被写在/etc/xinetd.d/目录中，优点就是当没响应网络请求时，该服务不会一直占据系统资源，但是其对响应的反应时间也会比较慢，因为其还要花费一段时间去"唤醒"。

原则上任何系统服务都可以使用 xinetd，然而最适合的应该是那些常用的网络服务，同时，这个服务的请求数目和频繁程度不会太高。像 DNS 和 Apache 服务就不适合采用这种方式，而像 FTP、Telnet、SSH 等就适合使用 xinetd 模式。

10.1.2　Linux 服务管理

Linux 提供了多种服务管理工具,例如,System-Administration-Services 和 ntsysv 是基于图形界面的,service 和 chkconfig 是基于命令行的。下面分别介绍几种服务管理工具。

1. System-Administration-Services 工具

用户可以通过菜单或者命令行两种方式打开 System-Administration-Services 服务管理工具。

(1) 菜单。单击面板上的菜单命令"系统"|"管理"|"服务"。

(2) 命令。使用命令行 system-config-services。

System-Administration-Services 的图形界面如图 10-1 所示,该图形化服务配置工具界面中的主界面左侧列出了服务,右侧则是对服务功能和状态的描述。通过工具栏上的按钮可以对服务进行启动、停止和重新启动等操作。

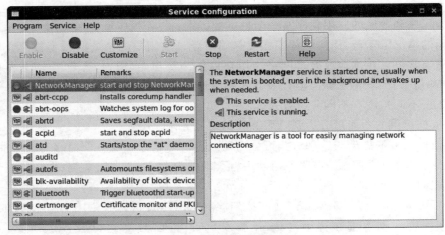

图 10-1　服务配置界面

2. ntsysv 工具

通过 ntsysv 命令可以打开图 10-2 所示的类图形界面,并设置开机启动服务。通过 Tab 键可以切换光标,空格键可以选择或取消选择项。

3. chkconfig 命令

chkconfig 命令主要用来更新(启动或停止)和查询系统服务的运行级信息。但 chkconfig 命令不是立即自动禁止或激活一个服务,而是设置系统在下次重启计算机后的服务状态。

chkconfig 命令有下列两种格式。

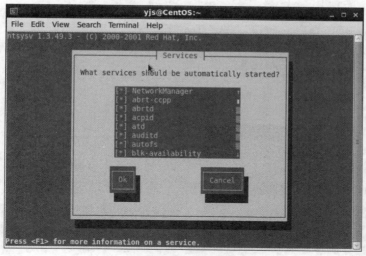

图 10-2　ntsysv 界面

（1）chkconfig［--add］［--del］［--list］［系统服务］。

（2）chkconfig［--level ＜等级代号＞］［系统服务］［on/off/reset］。

常用选项含义说明如下。

- --add：添加服务。
- --del：删除服务。
- --list：查询服务。
- --level：设置服务在哪个运行等级开启（on）或关闭（off）。

【例 10-1】　查看当前 Linux 系统的服务状态。

输入命令及执行结果如图 10-3 所示。

```
[root@CentOS ~]# chkconfig --list
NetworkManager  0:off   1:off   2:on    3:on    4:on    5:on    6:off
abrt-ccpp       0:off   1:off   2:off   3:on    4:off   5:on    6:off
abrtd           0:off   1:off   2:off   3:on    4:off   5:on    6:off
acpid           0:off   1:off   2:on    3:on    4:on    5:on    6:off
atd             0:off   1:off   2:off   3:on    4:on    5:on    6:off
auditd          0:off   1:off   2:on    3:on    4:on    5:on    6:off
autofs          0:off   1:off   2:off   3:on    4:on    5:on    6:off
blk-availability        0:off   1:on    2:on    3:on    4:on    5:on    6:off
bluetooth       0:off   1:off   2:off   3:on    4:on    5:on    6:off
certmonger      0:off   1:off   2:off   3:on    4:on    5:on    6:off
cpuspeed        0:off   1:on    2:on    3:on    4:on    5:on    6:off
crond           0:off   1:off   2:on    3:on    4:on    5:on    6:off
cups            0:off   1:off   2:on    3:on    4:on    5:on    6:off
dnsmasq         0:off   1:off   2:off   3:off   4:off   5:off   6:off
firstboot       0:off   1:off   2:off   3:off   4:off   5:off   6:off
haldaemon       0:off   1:off   2:off   3:on    4:on    5:on    6:off
htcacheclean    0:off   1:off   2:off   3:off   4:off   5:off   6:off
httpd           0:off   1:off   2:off   3:off   4:off   5:off   6:off
```

图 10-3　显示当前服务状态

【例 10-2】　设置 sshd 服务在运行级别 345 中关闭。

输入命令及执行结果如图 10-4 所示。注意，先查看 sshd 服务的状态，然后执行关闭操作,最后查看 sshd 服务状态。

```
[root@CentOS ~]# chkconfig --list sshd
sshd            0:off   1:off   2:on    3:on    4:on    5:on    6:off
[root@CentOS ~]# chkconfig --level 345 sshd off
[root@CentOS ~]# chkconfig --list sshd
sshd            0:off   1:off   2:on    3:off   4:off   5:off   6:off
```

图 10-4　例 10-2 执行结果

4. service 命令

service 命令的作用是到/etc/init.d 目录下寻找相应的服务,进行开启和关闭等操作。
service 命令对服务执行的操作可以立刻生效。

命令格式如下。

```
service [服务名][start|stop|restart|status]
```

【例 10-3】　重新启动 SSH 服务。

输入命令及执行结果如下。

```
[root@ CentOS ~]#service sshd restart
Stopping sshd:                                          [  OK  ]
Starting sshd:                                          [  OK  ]
```

对于某些不支持 service 版本的 Linux 发行版,用户可以直接使用服务脚本操作服
务,如/etc/init.d/mysqld start。

10.2　Linux 进程

Linux 进程可以申请和拥有系统资源,其是一个动态的概念,是一个活动的实体。

10.2.1　Linux 进程简介

进程(process)是计算机系统进行资源分配和调度的基本单位,是操作系统的基础。
进程的唯一标识是进程描述符(PID),Linux 系统上所有运行的内容都可以称为进程。进
程具有动态性、并发性、独立性和异步性等特点。

Linux 进程可分为以下三类。

(1)交互式进程。交互式进程一般是由 shell 启动的进程。这些进程经常和用户发
生交互,所以需要花费一些时间等待用户的操作。当有输入时,进程必须很快地激活。这
种激活要求延迟为 $50\sim150\mu s$。典型的交互式进程有控制台命令 shell、文本编辑器、图形
应用程序。

(2)批处理进程(batch process)。批处理进程不需要用户交互,一般在后台运行,所
以不需要非常快的反应,它们经常被调度期限制。典型的批处理进程有编译器、数据库搜
索引擎和科学计算。

（3）守护进程。守护进程通常在系统引导时启动，以及时地执行操作系统任务，如 lpd、xinetd 和 named 等。

10.2.2　Linux 进程管理

要对进程进行监控和控制，首先必须了解当前进程的情况。查看 Linux 进程的命令有 pstree、ps 和 top。pstree 命令可以用树状结构显示系统进程整体运行状况；ps 命令可以显示瞬间进程状态，但不是动态连续的；top 命令可以实时监控进程运行状态。下面具体介绍这几个命令。

1. pstree 命令

pstree 命令可以用 ASCII 字符显示树状结构，清楚地表达程序间的相互关系。

【例 10-4】　用 pstree 命令显示系统当前进程树。

输入命令及执行结果如图 10-5 所示。

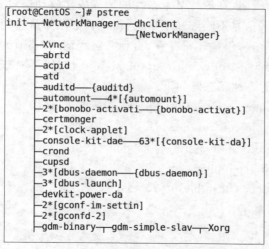

图 10-5　显示系统当前进程树

【例 10-5】　以特定进程（gnome-session）为根显示进程树。

输入命令及执行结果如图 10-6 所示（注意，2682 是 gnome-session 的 PID）。

2. ps 命令

Linux 中的 ps 命令是 process status 的缩写。ps 命令可以列出系统中当前运行的进程，即执行 ps 命令时的进程快照。如果想要动态地显示进程信息，那么需要使用 top 命令。

要对进程进行监测和控制，首先必须了解当前进程的情况，也就是需要查看当前进程，而 ps 命令就是最基本同时也是非常强大的进程查看命令。使用该命令可以确定有哪些进程正在运行、它们运行的状态、进程是否结束、进程有没有僵死、哪些进程占用了过多的资源等。

```
[root@CentOS ~]# pstree 2682
gnome-session─┬─abrt-applet
              ├─bluetooth-apple
              ├─evolution-alarm
              ├─gdu-notificatio
              ├─gnome-panel───{gnome-panel}
              ├─gnome-power-man
              ├─gnome-volume-co
              ├─gpk-update-icon
              ├─metacity───{metacity}
              ├─nautilus
              ├─nm-applet
              ├─polkit-gnome-au
              ├─python
              ├─restorecond
              └─{gnome-session}
```

图 10-6　显示进程 2682 的进程树

Linux 进程有下列 5 种状态。

(1) 运行(正在运行或在运行队列中等待)。

(2) 中断(休眠中、受阻、在等待某个条件的形成或接收到信号后才会被唤醒)。

(3) 不可中断(收到信号不唤醒和不可运行,进程必须等待直到有中断发生)。

(4) 僵死(进程已终止,但描述符存在,直到父进程调用 wait()系统函数后释放)。

(5) 停止(进程收到 sigstop、sigstp、sigtin、sigtout 信号后停止运行)。

ps 命令标识进程的 5 种状态码如下。

(1) D,不可中断 uninterruptible sleep (usually IO)。

(2) R,运行 runnable (on run queue)。

(3) S,中断 sleeping。

(4) T,停止 traced or stopped。

(5) Z,僵死 a defunct ("zombie") process。

ps 命令格式如下。

```
ps [options] [--help]
```

ps 命令常用选项含义如表 10-1 所示。

表 10-1　ps 命令常用选项含义

选　项	含　义
-A	显示所有进程
-e	等价于-A
-a	显示一个终端的所有进程
-x	显示没有控制终端的进程,同时显示各个命令的具体路径
-u	uid 或 username,选择有效的用户 id 或者是用户名
-f	全部列出,通常和其他选项联用(如 ps -fa, ps -fx)
u	打印用户格式,显示用户名和进程的起始时间
e	命令执行之后显示环境(如 ps -d e; ps -a e)

ps 命令输出字段含义如表 10-2 所示。

表 10-2　ps 命令输出字段含义

输 出 字 段	含　　　义
USER	用户名
UID	用户 ID(User ID)
PID	进程 ID(Process ID)
PPID	父进程的进程 ID(Parent Process ID)
SID	会话 ID(Session ID)
%CPU	进程的 CPU 占用率
%MEM	进程的内存占用率
VSZ	进程所使用的虚拟内存的大小(Virtual Size)
RSS	进程使用的驻留集大小或者是实际内存的大小,单位为 KB(千字节)
TTY	与进程关联的终端(TTY)
STAT	进程的状态:进程状态是使用字符表示的(STAT 的状态码)
START	进程启动的时间和日期
TIME	进程使用的总 CPU 时间
COMMAND	正在执行的命令行命令

【例 10-6】　显示所有不带控制终端的进程,并显示用户名和起始时间。

输入命令及执行结果如图 10-7 所示。

```
USER       PID %CPU %MEM    VSZ   RSS TTY      STAT START   TIME COMMAND
root         1  0.0  0.0  19356  1624 ?        Ss   14:11   0:04 /sbin/init
root         2  0.0  0.0      0     0 ?        S    14:11   0:00 [kthreadd]
root         3  0.0  0.0      0     0 ?        S    14:11   0:00 [migration/0]
root         4  0.0  0.0      0     0 ?        S    14:11   0:01 [ksoftirqd/0]
root         5  0.0  0.0      0     0 ?        S    14:11   0:00 [stopper/0]
root         6  0.0  0.0      0     0 ?        S    14:11   0:00 [watchdog/0]
root         7  0.0  0.0      0     0 ?        S    14:11   0:00 [migration/1]
root         8  0.0  0.0      0     0 ?        S    14:11   0:00 [stopper/1]
```

图 10-7　显示不带控制终端的进程

【例 10-7】　显示 root 用户的进程。

输入命令及执行结果如图 10-8 所示。

【例 10-8】　从所有进程中查找名称为 gnome-terminal 的进程信息。

输入命令及执行结果如图 10-9 所示。

【例 10-9】　将目前属于当前用户这次登录的 PID 与相关信息列出来。

输入命令及执行结果如图 10-10 所示。

各相关信息的意义如下。

(1) F 代表这个进程的旗标(flag),4 代表使用者为 super user。

(2) S 代表这个进程的状态(STAT),主要的状态如下。

```
[root@CentOS ~]# ps -u root
   PID TTY          TIME CMD
     1 ?        00:00:04 init
     2 ?        00:00:00 kthreadd
     3 ?        00:00:00 migration/0
     4 ?        00:00:01 ksoftirqd/0
     5 ?        00:00:00 stopper/0
     6 ?        00:00:00 watchdog/0
     7 ?        00:00:00 migration/1
     8 ?        00:00:00 stopper/1
     9 ?        00:00:01 ksoftirqd/1
```

图 10-8　显示 root 用户的进程

```
[root@CentOS ~]# ps -ef | grep gnome-terminal
yjs       3117       1  0 14:12 ?        00:00:31 gnome-terminal
root      6525    3606  0 18:15 pts/0    00:00:00 grep gnome-terminal
```

图 10-9　查找指定进程信息

```
[yjs@localhost ~]$ ps -l
F S   UID    PID    PPID  C PRI  NI ADDR SZ WCHAN  TTY          TIME CMD
0 S   500   3236    3232  0  80   0 - 27085 wait   pts/0    00:00:00 bash
0 R   500   3407    3236  0  80   0 - 27034 -      pts/0    00:00:00 ps
```

图 10-10　显示登录用户的相关信息

- R：该进程正在运行。
- S：该进程正在休眠，可被唤醒。
- D：不可被唤醒。
- T：停止状态(stop)。
- Z：僵尸进程。

(3) UID 指进程被该 UID 所拥有。

(4) PID 就是这个进程的 ID。

(5) PPID 则是其上级父进程的 ID。

(6) C 代表 CPU 使用的资源百分比。

(7) PRI 是 Priority(优先执行序) 的缩写，后面详细介绍。

(8) NI 是 Nice 值。

(9) ADDR 是内核功能，将指出该进程在内存的哪个部分。如果是正在运行的进程，一般就是"-"。

(10) SZ 代表使用掉的内存大小。

(11) WCHAN 代表目前这个进程是否正在运行当中，若为-则表示正在运行。

(12) TTY 代表登录者的终端机位置。

(13) TIME 代表使用掉的 CPU 时间。

(14) CMD 代表所下达的指令为哪个命令。

在预设的情况下，ps 命令仅会列出与目前所在的 bash shell 有关的 PID 而已，所以，当使用"ps -l"命令的时候只有 3 个 PID。

3. top 命令

top 命令动态显示当前正在运行的进程信息，包括内存和 CPU 用量，其可以通过用户按键不断地刷新当前状态，如果在前台执行该命令，它将独占前台，直到用户终止该进程为止。比较准确地说，top 命令提供了对系统处理器的实时状态监视，它将显示系统中 CPU 最"敏感"的任务列表。该命令可以按 CPU 使用、内存使用和执行时间对进程进行排序，而且该命令的很多特性都可以通过交互式命令或者在个人定制文件中设定。

命令格式如下。

```
top [d<间隔秒数>][n<执行次数>]
```

【例 10-10】　使用 top 命令动态显示进程信息，间隔为 1 秒，显示 3 次。

命令及执行结果如图 10-11 所示。

```
[root@CentOS ~]# top -d 1 -n 3

top - 18:42:12 up  4:31,  2 users,  load average: 0.01, 0.00, 0.00
Tasks: 211 total,   1 running, 204 sleeping,   5 stopped,   1 zombie
Cpu(s):  1.0%us,  0.5%sy,  0.0%ni, 98.5%id,  0.0%wa,  0.0%hi,  0.0%si,  0.0%st
Mem:   2905840k total,   872048k used,  2033792k free,    44968k buffers
Swap:  3047420k total,        0k used,  3047420k free,   296812k cached

  PID USER      PR  NI  VIRT  RES  SHR S %CPU %MEM    TIME+  COMMAND
 2494 root      20   0  189m  41m 8880 S  1.0  1.5  10:31.57 Xorg
 3674 root      20   0  127m  26m 7380 S  1.0  0.9  0:20.07 Xvnc
 3827 root      20   0  306m  19m  14m S  1.0  0.7  1:32.69 vmtoolsd
 6827 root      20   0 15036 1300  940 R  1.0  0.0  0:00.06 top
    1 root      20   0 19356 1624 1312 S  0.0  0.1  0:04.61 init
    2 root      20   0     0    0    0 S  0.0  0.0  0:00.01 kthreadd
    3 root      RT   0     0    0    0 S  0.0  0.0  0:00.52 migration/0
    4 root      20   0     0    0    0 S  0.0  0.0  0:01.49 ksoftirqd/0
    5 root      RT   0     0    0    0 S  0.0  0.0  0:00.00 stopper/0
    6 root      RT   0     0    0    0 S  0.0  0.0  0:00.05 watchdog/0
    7 root      RT   0     0    0    0 S  0.0  0.0  0:00.22 migration/1
    8 root      RT   0     0    0    0 S  0.0  0.0  0:00.00 stopper/1
    9 root      20   0     0    0    0 S  0.0  0.0  0:01.69 ksoftirqd/1
```

图 10-11　显示动态进程信息

top 命令的执行结果分成两部分。上部分是统计信息：第一行包括当前系统时间，运行持续时间，当前用户数和平均负载分别是 1 分钟、5 分钟、15 分钟的情况；第 2～5 行分别是各种进程数、CPU 状态、内存状态和交换分区状态。下部分是当前系统的进程状态，各列含义如表 10-3 所示。

表 10-3　top 命令输出字段含义

输 出 字 段	含　　　义
PID	进程 ID
USER	进程所有者
PR	进程优先级
NI nice	负值表示高优先级，正值表示低优先级
VIRT	进程使用的虚拟内存总量，单位是 KB。VIRT＝SWAP＋RES

续表

输 出 字 段	含 　 义
RES	进程使用的、未被换出的物理内存大小,单位是 KB。RES＝CODE＋DATA
SHR	共享内存大小,单位是 KB
S	进程状态。D＝不可中断的睡眠状态,R＝运行,S＝睡眠,T＝跟踪/停止,Z＝僵尸进程
%CPU	上次更新到现在的 CPU 时间占用百分比
%MEM	进程使用的物理内存百分比
TIME＋	进程使用的 CPU 时间总计,单位是 1/100s
COMMAND	进程名称(命令名/命令行)

【例 10-11】 在 top 命令基本视图中,按数字键 1,可监控多核心 CPU 的每个逻辑 CPU 的状况。

输入命令及执行结果如图 10-12 所示。

```
[yjs@localhost ~]$ top

top - 07:01:44 up 22 min,  2 users,  load average: 0.00, 0.00, 0.06
Tasks: 186 total,   1 running, 185 sleeping,   0 stopped,   0 zombie
Cpu0  :  1.0%us,  0.3%sy,  0.0%ni, 98.7%id,  0.0%wa,  0.0%hi,  0.0%si,  0.0%st
Cpu1  :  0.3%us,  0.7%sy,  0.0%ni, 99.0%id,  0.0%wa,  0.0%hi,  0.0%si,  0.0%st
Cpu2  :  0.3%us,  1.7%sy,  0.0%ni, 97.7%id,  0.0%wa,  0.0%hi,  0.3%si,  0.0%st
Cpu3  :  0.3%us,  1.3%sy,  0.0%ni, 98.4%id,  0.0%wa,  0.0%hi,  0.0%si,  0.0%st
Mem:   3909760k total,   569432k used,  3340328k free,    30996k buffers
Swap:  2097148k total,        0k used,  2097148k free,   212672k cached
```

图 10-12　例 10-11 执行结果

观察上述结果,系统有 4 个逻辑 CPU。再按数字键 1,就会返回 top 命令的基本视图界面。

【例 10-12】 高亮显示当前运行进程,敲击键盘 b 键(打开/关闭加亮效果),top 命令的视图变化如下。

输入命令及执行结果如图 10-13 所示。

可以发现进程 ID 为 3389 的 top 进程被加亮了,用户可以通过按 y 键,关闭或打开运行态进程的加亮效果。

【例 10-13】 进程字段排序,默认进入 top 用户时,各进程是按照 CPU 的占用量排序的,在图 10-14 中进程 ID 为 2601 的 Xorg 进程排在第一(CPU 占用 3.3%)。按 x 键(打开/关闭排序列的加亮效果),top 命令的视图变化如下。

top 命令默认的排序列是%CPU,通过按下 Shift＋＞组合键或 Shift＋＜组合键,可以向右或左改变排序列。图 10-15 是按一次 Shift＋＞组合键的效果图,此视图现在已经按照%MEM排序了。

【例 10-14】 设置信息更新次数。

输入命令如下。

```
top -n 2
```

```
[yjs@localhost ~]$ top

top - 07:03:32 up 24 min,  2 users,  load average: 0.00, 0.00, 0.04
Tasks: 186 total,   1 running, 185 sleeping,   0 stopped,   0 zombie
Cpu(s):  0.5%us,  0.2%sy,  0.0%ni, 99.2%id,  0.0%wa,  0.0%hi,  0.1%si,  0.0%st
Mem:   3909760k total,   568964k used,  3340796k free,    31072k buffers
Swap:  2097148k total,        0k used,  2097148k free,   212688k cached

  PID USER      PR  NI  VIRT  RES  SHR S %CPU %MEM    TIME+  COMMAND
 2601 root      20   0  188m  40m 8616 S  2.0  1.1  0:11.84 Xorg
 3259 yjs       20   0  298m  13m 9876 S  1.0  0.4  0:03.70 gnome-terminal
 3389 yjs       20   0 15036 1300  936 R  0.3  0.0  0:00.64 top
    1 root      20   0 19356 1532 1224 S  0.0  0.0  0:02.40 init
    2 root      20   0     0    0    0 S  0.0  0.0  0:00.01 kthreadd
    3 root      RT   0     0    0    0 S  0.0  0.0  0:00.04 migration/0
    4 root      20   0     0    0    0 S  0.0  0.0  0:00.00 ksoftirqd/0
    5 root      RT   0     0    0    0 S  0.0  0.0  0:00.00 stopper/0
    6 root      RT   0     0    0    0 S  0.0  0.0  0:00.00 watchdog/0
    7 root      RT   0     0    0    0 S  0.0  0.0  0:00.04 migration/1
    8 root      RT   0     0    0    0 S  0.0  0.0  0:00.00 stopper/1
    9 root      20   0     0    0    0 S  0.0  0.0  0:00.01 ksoftirqd/1
   10 root      RT   0     0    0    0 S  0.0  0.0  0:00.00 watchdog/1
```

图 10-13　例 10-12 执行结果

```
[yjs@localhost ~]$ top

top - 07:06:30 up 27 min,  2 users,  load average: 0.07, 0.03, 0.04
Tasks: 188 total,   1 running, 186 sleeping,   1 stopped,   0 zombie
Cpu(s):  0.7%us,  0.9%sy,  0.0%ni, 98.4%id,  0.0%wa,  0.0%hi,  0.0%si,  0.0%st
Mem:   3909760k total,   574328k used,  3335432k free,    31436k buffers
Swap:  2097148k total,        0k used,  2097148k free,   214592k cached

  PID USER      PR  NI  VIRT  RES  SHR S %CPU %MEM    TIME+  COMMAND
 2601 root      20   0  188m  40m 8844 S  4.3  1.1  0:17.28 Xorg
 2920 yjs        9 -11  440m 5176 3792 S  2.2  0.1  0:02.50 pulseaudio
 3259 yjs       20   0  298m  13m 9876 S  2.2  0.4  0:05.79 gnome-terminal
 3513 yjs       20   0 15036 1300  936 R  1.4  0.0  0:00.08 top
   19 root      20   0     0    0    0 S  0.7  0.0  0:01.38 events/0
    1 root      20   0 19356 1532 1224 S  0.0  0.0  0:02.41 init
    2 root      20   0     0    0    0 S  0.0  0.0  0:00.01 kthreadd
    3 root      RT   0     0    0    0 S  0.0  0.0  0:00.04 migration/0
    4 root      20   0     0    0    0 S  0.0  0.0  0:00.00 ksoftirqd/0
    5 root      RT   0     0    0    0 S  0.0  0.0  0:00.00 stopper/0
    6 root      RT   0     0    0    0 S  0.0  0.0  0:00.00 watchdog/0
    7 root      RT   0     0    0    0 S  0.0  0.0  0:00.04 migration/1
    8 root      RT   0     0    0    0 S  0.0  0.0  0:00.00 stopper/1
```

图 10-14　例 10-13 按 CPU 占用量排序的执行结果

说明：表示更新两次后终止更新显示。

【例 10-15】　设置信息更新时间。

输入命令如下。

```
top -d 3
```

说明：表示更新周期为 3s。

在 top 命令执行过程中可以使用一些交互命令。这些命令都是单字母的，如果在命令行中使用了 s 选项，那么其中一些命令可能会被屏蔽。下面是 top 常用交互命令及其

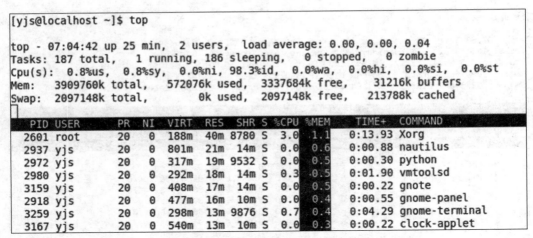

图 10-15　例 10-13 按％MEM 排序结果

含义。

- h：显示帮助画面,给出一些简短的命令说明。
- k：终止一个进程。
- i：忽略闲置和僵死进程,这是一个开关式命令。
- q：退出命令。
- r：重新安排一个进程的优先级别。
- S：切换到累计模式。
- s：改变两次刷新之间的延迟时间(单位为秒),如果有小数,就换算成毫秒。输入 0 值,则系统将不断地刷新,默认值是 5 秒。
- f 或者 F：从当前显示中添加或者删除项目。
- o 或者 O：改变显示项目的顺序。
- l：切换显示平均负载和启动时间信息。
- m：切换显示内存信息。
- t：切换显示进程和 CPU 状态信息。
- c：切换显示命令名称和完整命令行。
- M：根据驻留内存大小排序。
- P：根据 CPU 使用百分比大小排序。
- T：根据时间/累计时间排序。
- W：将当前设置写入～/.toprc 文件中。

4. kill 命令

Linux 中的 kill 命令用来终止指定进程,是 Linux 下进程管理的常用命令。一般系统服务的守护进程在系统启动时就进入后台执行,对于前台用户命令,在执行时按 Ctrl＋Z 组合键将挂起进程,如果在命令行后加 & 字符,那么进程将进入后台执行。前台进程可以按 Ctrl＋C 组合键终止,但是此组合键对后台进程无效,此时可使用 kill 通过进程号结束该进程。在使用 kill 命令终止一个后台进程时,应先使用 ps/pidof/pstree/top 等工具获取进程 PID。

命令格式如下。

```
kill [参数] [进程号]
```

kil 命令将发送指定的信号到相应进程。若不指定信号则命令将发送 SIGTERM (15)终止指定进程。如果仍无法终止该程序,则可用"-KILL"或"-9"参数,其发送的信号为 SIGKILL(9),将强制结束进程。

init 进程是不可终止的,其是 Linux 系统操作中不可缺少的程序之一(所谓的 init 进程是一个由内核启动的用户级进程),在内核自行启动之后,就通过启动一个用户级 init 进程的方式完成引导进程。所以 init 始终是系统第 1 个进程(其进程 ID 为 1),其他所有进程都是 init 进程的子进程。

kill 命令参数如下。

- -l: 信号,如果不加信号的 ID 参数,则使用-l 参数会列出全部的信号名称。
- -a: 当处理当前进程时,不限制命令名和进程号的对应关系。
- -p: 指定 kill 命令只打印相关进程的进程号,而不发送任何信号。
- -s: 指定发送信号。
- -u: 指定非 root 用户只能影响自己的进程。

【例 10-16】　在后台执行 top 命令,然后通过 kill 命令终止其执行。

(1) 输入命令 top 及执行结果如图 10-16 所示。

如果不终止 top 进程(8588),则该进程将一直在后台运行直至关机。因其在后台运行,故要使用 kill 结束该进程。

(2) 输入命令 kill 及执行结果如图 10-17 所示。

```
[root@CentOS ~]# top &
[1] 8588
[root@CentOS ~]# ps | grep top
  8588 pts/0    00:00:00 top
```

图 10-16　例 10-16 的 top 命令执行结果

```
[root@CentOS ~]# kill -9 8588
[root@CentOS ~]# ps | grep top
[1]+  Killed              top
```

图 10-17　例 10-16 的 kill 命令执行结果

【例 10-17】　启动 vi ～/test 进程并挂起,然后查看后台挂起进程,并将挂起进程放入前台执行。

输入命令及执行结果如图 10-18 所示。

```
[yjs@bogon nfs_server]$ vi ~/a

[1]+  Stopped                 vim ~/a
[yjs@bogon nfs_server]$ jobs
[1]+  Stopped                 vim ~/a
[yjs@bogon nfs_server]$ ps
  PID TTY          TIME CMD
 4862 pts/2    00:00:00 bash
 4897 pts/2    00:00:00 vim
 4899 pts/2    00:00:00 ps
[yjs@bogon nfs_server]$ fg
```

图 10-18　例 10-17 的执行结果

第11章 NFS 服务器

NFS(network file system)即网络文件系统,是 FreeBSD 支持的一种用于分散式文件系统管理的协议,由 Sun 公司开发,于 1984 年向外公布,其功能是通过 TCP/IP 网络让不同的计算机、不同的操作系统能够彼此分享数据,让应用程序在客户端通过网络访问位于服务器磁盘中的数据,是一种在类 UNIX 系统间实现磁盘文件共享的方法。

11.1 NFS 服务概述

NFS 网络文件系统基于 C/S 架构,可以使客户端应用透明地读写位于远端 NFS 服务器上的文件,就像访问本地文件一样。随着多年的发展和改进,NFS 既可以用于局域网也可以用于广域网,且与操作系统和硬件无关,可以在不同的计算机或系统上运行。运用 NFS 可以将常用的数据存放在一台 NFS 服务器上,让其他用户可以通过网络访问,这种本地终端将可以降低客户机自身存储空间的需求和维护成本。在大型网络中,配置一台中心 NFS 服务器用以放置所有用户的 home 目录可能会更为廉价,这些目录能被输出到网络以便用户不管在哪台工作站上登录,总能方便地访问。

NFS 只是一种文件系统,本身没有传输功能,其传输功能是基于 RPC(remote procedure call,远程过程调用)协议实现的,通过该协议才能实现两个 Linux 系统之间的文件目录共享。NFS 的基本原则是"容许不同的客户端及服务端通过一组 RPC 分享相同的文件系统",它独立于操作系统,容许不同硬件及操作系统共同进行文件的分享。

NFS 在文件传送或信息传送过程中依赖 RPC 协议。RPC 是能使客户端执行其他系统中程序的一种机制。NFS 本身是没有提供信息传输的协议和功能的,但 NFS 却能让我们通过网络进行资料的分享,这是因为 NFS 使用了一些其他的传输协议,而这些传输协议用到这个 RPC 功能。可以说 NFS 本身就是使用 RPC 的一个程序,或者说 NFS 也是一个 RPC SERVER。所以只要用到 NFS 的地方都要启动 RPC 服务,不论是 NFS 服务器还是 NFS 客户机,这样服务器和客户机才能通过 RPC 来实现编程端口的对应。

11.2 NFS 服务器端配置

1. 安装 NFS

NFS 需要两个软件包 rpcbind 和 nfs-utils。其中 rpcbind 支持 NFS 安全地实现 RPC 服务的连接,是一个 RPC 服务,主要是在 NFS 共享时负责通知客户端服务器的 NFS 端口号。nfs-utils 包括基本的 NFS 命令与监控程序,提供 rpc.nfsd 和 rpc.mountd 这两个 NFS 守护进程。

CentOS 或 RHL 默认已安装这两个软件包,用户可用如下命令检查当前系统是否已安装这两个软件。

```
rpm -qa | grep rpcbind
rpm -qa | grep nfs-utils
```

如果没有安装,那么通过 yum 安装即可。

```
yum install nfs-utils
yum install rpcbind
```

2. 配置 NFS 服务

NFS 服务的配置文件为/etc/exports,这个文件是 NFS 的主要配置文件,不过系统并没有默认配置它,所以这个文件不一定会存在,可能要用户手动建立,然后在文件中写入配置内容。/etc/exports 文件内容格式如下。

```
<共享目录>　　[客户端 1(参数 1,参数 2,…)]　　[客户端 2(参数 1,参数 2,…)]
```

其中,共享目录是必选参数,共享目录与客户端、客户端与客户端之间以空格相隔,客户端和参数之间不能有空格,参数可以是访问权限或用户映射等,多个选项以逗号分隔。客户端的指定方式有以下几种。

(1) IP 地址指定的主机:192.168.0.100。

(2) 指定子网中的所有主机:192.168.0.0/24 或 192.168.0.0/255.255.255.0。

(3) 指定域名的主机:nfs.test.com。

(4) 指定域中的所有主机:*.test.com。

(5) 所有主机:*。

主要参数及含义如表 11-1 所示。

表 11-1　NFS 命令主要参数及含义

参　　数	含　　义
rw	可读可写
ro	只读
sync	数据同步写入内存缓冲区与磁盘中,虽然这样做效率较低,但可以保证数据的一致性(适合小文件传输)
async	数据先暂时放于内存,而非直接写入硬盘,等到必要时才写入磁盘(适合大文件传输)
no_root_squash	使用 NFS 时,如果用户是 root,不进行权限压缩,即 root 用户在 NFS 上创建的文件属组和属主仍然是 root(不安全,不建议使用)
root_squash	使用 NFS 时,如果用户是 root,则进行权限压缩,即把 root 用户在 NFS 上创建的文件属组和属主修改为 nfsnobody
all_squash	所有的普通用户使用 NFS 都将使用权限压缩,即将远程访问的所有普通用户及所属用户组都映射为匿名用户或者用户组(一般均为 nfsnobody)

续表

参　数	含　义
no_all_squash	所有的普通用户使用 NFS 都不使用权限压缩,即不将远程访问的所有普通用户及所属用户组都映射为匿名用户或者用户组(默认设置)
anonuid=XXX	anon 即 anonymous(匿名者),前面关于 * _squash 提到的匿名用户的 UID 的设置值,通常为 nobody 或者 nfsnobody,使用这个参数可以自行设定这个 UID 值,这个 UID 必须存在于/etc/passwd
anongid=XXX	将远程访问的所有用户组都映射为匿名用户组账户,并指定该匿名用户组账户为本地用户组账户(GID=XXX)
insecure	允许客户端从大于 1024 的 TCP/IP 端口连接 NFS 服务器
secure	限制客户端只能从小于 1024 的 TCP/IP 端口连接 NFS 服务器(默认设置)
wdelay	检查是否有相关的写操作,如果有,则将这些写操作一起执行,这样可提高效率(默认设置)
no_wdelay	若有写操作,则立即执行(应与 sync 配置)
subtree_check	若输出目录是一个子目录,则 NFS 服务器将检查其父目录的权限(默认设置)
no_subtree_check	即使输出目录是一个子目录,NFS 服务器也不检查其父目录的权限,这样做可提高效率

【例 11-1】　在根目录下配置 NFS 共享目录 nfs,指定 192.168.220.0 网段的主机可读写该目录。

```
/ nfs  192.168.220.0/24(rw)
```

【例 11-2】　在所有的 IP(主机)上登录的用户都可对 NFS 服务器上的共享目录/tmp 拥有 rw 操作权限,同时如果是 root 用户访问该共享目录,那么不将 root 用户及所属用户组都映射为匿名用户或用户组(* 表示所有的主机或者 IP)。

```
/tmp * (rw,no_root_squash)
```

【例 11-3】　除了在 192.168.0.0/24 这个网段内的主机上登录的用户可对 NFS 服务器共享目录/home/public 进行读写操作,其他网段的主机上登录的用户对 NFS 服务器共享目录/home/public 只能进行读取操作。

```
/home/public 192.168.0.* (rw)    * (ro)
```

或

```
/home/public 192.168.0.0/24(rw) * (ro)
```

3. NFS 服务操作命令

NFS 服务由 rpcbind 和 nfs 两个服务组成,但其必须先启动 rpcbind。NFS 服务的基本操作有启动、查看状态、停止和重新启动等,命令格式如下。

```
service rpcbind [start | status | stop |restart]
service nfs [start | status | stop |restart]
```

或者直接调用/etc/init.d/下面的服务命令,如下所示。

```
/etc/init.d/rpcbind [start | status | stop |restart]
/etc/init.d/nfs [start | status | stop |restart]
```

【例 11-4】　启动 NFS 服务。

输入命令及执行结果如图 11-1 所示。

```
[yjs@localhost ~]$ sudo service rpcbind start
[sudo] password for yjs:
[yjs@localhost ~]$ sudo service nfs start
Starting NFS services:                                  [  OK  ]
Starting NFS quotas:                                    [  OK  ]
Starting NFS mountd:                                    [  OK  ]
Starting NFS daemon:                                    [  OK  ]
Starting RPC idmapd:                                    [  OK  ]
```

图 11-1　启动 NFS 服务的执行结果

【例 11-5】　查看 NFS 服务状态。

输入命令及执行结果如图 11-2 和图 11-3 所示。

```
[yjs@localhost ~]$ service rpcbind status
rpcbind (pid  3531) is running...
[yjs@localhost ~]$ service nfs status
rpc.svcgssd is stopped
rpc.mountd (pid 3638) is running...
nfsd (pid 3654 3653 3652 3651 3650 3649 3648 3647) is running...
rpc.rquotad (pid 3633) is running...
```

图 11-2　查看 NFS 服务状态

```
[yjs@localhost ~]$ nfsstat
Server rpc stats:
calls       badcalls    badclnt     badauth     xdrcall
0           0           0           0           0

Client rpc stats:
calls       retrans     authrefrsh
1           14          1
```

图 11-3　使用 nfsstat 查看 NFS 服务状态

【例 11-6】　重新启动 NFS 服务。

输入命令及执行结果如图 11-4 所示。

```
[yjs@localhost ~]$ sudo /etc/init.d/rpcbind restart
[sudo] password for yjs:
Stopping rpcbind:                                       [  OK  ]
Starting rpcbind:                                       [  OK  ]
[yjs@localhost ~]$ sudo /etc/init.d/nfs restart
Shutting down NFS daemon:                               [  OK  ]
Shutting down NFS mountd:                               [  OK  ]
Shutting down NFS quotas:                               [  OK  ]
Shutting down NFS services:                             [  OK  ]
Shutting down RPC idmapd:                               [  OK  ]
Starting NFS services:                                  [  OK  ]
Starting NFS quotas:                                    [  OK  ]
Starting NFS mountd:                                    [  OK  ]
Starting NFS daemon:                                    [  OK  ]
Starting RPC idmapd:                                    [  OK  ]
```

图 11-4　重新启动 NFS 服务

11.3   NFS 客户端配置和测试

1. 安装、启动 NFS 服务

客户端同样需要安装并启动 rpcbind 服务,相关命令参见 11.2 节服务器端操作命令的相关内容。下面给出其他可以查看 rpcbind 服务启动的命令,如图 11-5 所示。

```
[yjs@localhost ~]$ ps aux | grep rpcbind
rpc        3531  0.0  0.0  18976   964 ?      Ss   17:42   0:00 rpcbind
yjs        4307  0.0  0.0 103252   844 pts/0  S+   18:56   0:00 grep rpcbind
```

图 11-5   rpcbind 服务启动命令的执行

或查看 rpc 信息,如图 11-6 所示。

```
[yjs@localhost ~]$ rpcinfo -p localhost | grep nfs
    100003    2   tcp    2049  nfs
    100003    3   tcp    2049  nfs
    100003    4   tcp    2049  nfs
    100227    2   tcp    2049  nfs_acl
    100227    3   tcp    2049  nfs_acl
    100003    2   udp    2049  nfs
    100003    3   udp    2049  nfs
    100003    4   udp    2049  nfs
    100227    2   udp    2049  nfs_acl
    100227    3   udp    2049  nfs_acl
```

图 11-6   查看 rpc 信息

2. 查看共享目录

命令格式如下。

```
showmount  -e  NFS 主机 IP 地址
```

命令执行结果如图 11-7 所示,列出 NFS 服务器 192.168.220.132 的共享目录。

```
[yjs@localhost ~]$ showmount -e 192.168.220.132
Export list for 192.168.220.132:
/home/yjs/nfs server 192.168.220.0/24
```

图 11-7   查看共享目录

3. 挂载 NFS 共享目录

命令格式如下。

```
mount -t nfs NFS 服务器 IP:共享目录 挂载点
```

命令执行结果如图 11-8 所示。

用 df 命令查看磁盘信息,可以发现多处 NFS 服务器的共享目录,如图 11-9 所示。

```
[yjs@localhost ~]$ sudo mount -t nfs 192.168.220.132:/home/yjs/nfs_server/ /nfs
[yjs@localhost ~]$ ls /nfs
nfs_test
```

图 11-8　挂载 NFS 共享目录

```
[yjs@localhost ~]$ df
Filesystem              1K-blocks    Used Available Use% Mounted on
/dev/mapper/VolGroup-lv_root
                        17938864 4987316  12033636  30% /
tmpfs                    1954880     560   1954320   1% /dev/shm
/dev/sda1                 487652   33877    428175   8% /boot
/dev/sr0                 4523182 4523182         0 100% /media/CentOS_6.6_Final
192.168.220.132:/home/yjs/nfs_server/
                        17938944 4987392  12034048  30% /nfs
```

图 11-9　查看所有共享目录

4. 卸载共享目录

命令格式如下。

umount 挂载点

命令执行结果如图 11-10 所示。

```
[yjs@localhost ~]$ sudo umount /nfs
[yjs@localhost ~]$ ls /nfs
[yjs@localhost ~]$
```

图 11-10　卸载共享目录的执行结果

再次用 df 命令查看磁盘信息,可以发现不再有 NFS 服务器共享目录了,如图 11-11 所示。

```
[yjs@localhost ~]$ df
Filesystem              1K-blocks    Used Available Use% Mounted on
/dev/mapper/VolGroup-lv_root
                        17938864 4987320  12033632  30% /
tmpfs                    1954880     560   1954320   1% /dev/shm
/dev/sda1                 487652   33877    428175   8% /boot
/dev/sr0                 4523182 4523182         0 100% /media/CentOS 6.6 Final
```

图 11-11　查看卸载后的共享目录

第 12 章　WWW 服务器配置与管理

12.1　WWW 服务器概述

WWW(World Wide Web)服务器也称为 Web 服务器,是目前 Internet 上最热门的服务。WWW 服务器的系统采用 C/S(客户机-服务器)工作模式,默认采用 80 端口进行通信,如图 12-1 所示。

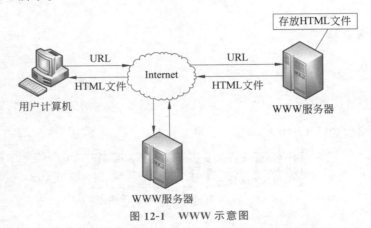

图 12-1　WWW 示意图

能实现 WWW 服务器的软件很多,Apache 软件基金会的 Apache HTTP Server 软件由于运行平台广泛、功能强大、性能稳定、快速并易扩充等特点曾经是排名第一的 WWW 服务器软件。

WWW 服务器的主要操作如下。

1. 建立连接

服务器要接受或拒绝客户端的连接请求。WWW 服务器使用 TCP 和客户端建立连接,成功地连接需要经历 3 次握手的操作。

2. 接受请求

WWW 服务器都要遵守 HTTP(HyperText Transfer Protocol,超文本传输协议),需要通过网络请求读取 HTTP 请求报文。

3. 处理请求

解析客户端发来的 HTTP 请求报文,并做出相应的动作。

4. 访问资源

访问请求报文中申请的相对应的资源。

5. 构建响应

成功获取相应的资源后,要使用正确的信元头生成 HTTP 响应报文。

6. 发送响应

把生成的响应报文发送给客户端完成用户的响应。

7. 记录日志

把已经完成的 HTTP 事务记录进日志文件。

在 Linux 下,WWW 服务器可以使用 Apache HTTP 服务器。Apache HTTP 服务器项目致力于为现代操作系统(如 Windows 和 UNIX)开发和维护开源的 HTTP 服务端工具。这个项目的目标是提供一个安全、高效、可扩展的服务器,其提供的 HTTP 服务与现行的 HTTP 标准同步。Apache HTTP 服务器在 Linux 下的软件包名称为 httpd,守护进程名称也为 httpd。

目前,httpd 的主版本号有 2.0、2.2、2.4。2.0 版本是相对比较老的版本,主要以稳定为主;2.2 版本是目前主流的版本,大多数用户选择使用该版本;2.4 版本是最新的版本,有许多新特性。不同版的配置着眼点和差别都很大,服务器的特性都有诸多的不同。

虽然,不同版本的 httpd 有许多差别,但在传统的设置方面有一些共同的特性。

(1)事先创建进程。为了快速响应客户端的请求,httpd 服务默认创建了一些进程以等待客户端的连接,有些连接是要保持的,有些连接则在客户端使用完后不需要再保持,httpd 服务将根据连接的状态自动地按需维持适当的进程。

(2)模块化设计。为了适应各种各样的服务器需求,httpd 服务采用模块化设计,其核心比较小,功能简单,各种功能都被模块化了(如 PHP),并且支持运行时配置,支持单独编译。

(3)支持多种方式的虚拟主机配置。服务器主机的硬件造价高昂并且资源有限,为了充分高效地利用主机资源,http 服务支持下列虚拟主机的配置。

① 基于 IP 的虚拟主机:允许同一主机配置不同的 IP 地址,让不同的 HTTP 服务使用相同的主机,每个 IP 地址作为一项 HTTP 服务。

② 基于端口的虚拟主机:同一主机及相同的 IP 地址使用不同的端口,每个端口作为一项 HTTP 服务,但客户端访问时必须已知对应的端口。

③ 基于域名的虚拟主机:为每个 HTTP 服务设置不同的域名,此模块需要 DNS 服务器的支持,其同样也是普遍被用户采用的方式。

12.2　WWW 服务器的安装与启动

在 Linux 系统中,WWW 服务器使用的软件通常为 Apache,其在系统中软件包名为 httpd,守护进程名称也为 httpd,主配置文件是/etc/httpd/conf/httpd.conf,HTTP 服务在系统中默认的文档目录是/var/www/html。

(1) 检测系统中是否已安装了 httpd,输入的命令及执行结果如图 12-2 所示。

```
[root@localhost wangjk]# rpm -qa | grep httpd
httpd-tools-2.2.15-29.el6.centos.x86_64
httpd-2.2.15-29.el6.centos.x86_64
```

图 12-2　检查 httpd 安装情况

(2) 如果没有安装,可在安装光盘的 Package 目录下找到 httpd 的 RPM 软件包安装,或是使用 yum 安装。输入的命令及执行结果如图 12-3 所示。

```
[root@localhost wangjk]# mount /dev/cdrom /mnt/cdrom
mount: block device /dev/sr0 is write-protected, mounting read-only
[root@localhost wangjk]# cd /mnt/cdrom/Packages/
[root@localhost Packages]# ls http*
httpd-2.2.15-29.el6.centos.x86_64.rpm
httpd-devel-2.2.15-29.el6.centos.i686.rpm
httpd-devel-2.2.15-29.el6.centos.x86_64.rpm
httpd-manual-2.2.15-29.el6.centos.noarch.rpm
httpd-tools-2.2.15-29.el6.centos.x86_64.rpm
[root@localhost    Packages]#    rpm    -ivh    httpd-tools-2.2.15-29.el6.centos.x86_64.rpm
httpd-2.2.15-29.el6.centos.x86_64.rpm
warning: httpd-tools-2.2.15-29.el6.centos.x86_64.rpm: Header V3 RSA/SHA1 Signature, key ID
c105b9de: NOKEY
Preparing...                ########################################### [100%]
   1:httpd-tools            ########################################### [ 50%]
   2:httpd                  ########################################### [100%]
```

图 12-3　安装 httpd

(3) WWW 服务的启动与停止。输入的命令及执行结果如图 12-4 所示。

```
[root@localhost conf]# /etc/init.d/httpd start
Starting httpd:                                              [  OK  ]
[root@localhost conf]# /etc/init.d/httpd restart
Stopping httpd:                                              [  OK  ]
Starting httpd:                                              [  OK  ]
[root@localhost conf]# /etc/init.d/httpd stop
Stopping httpd:                                              [  OK  ]
```

图 12-4　启动与停止 httpd

每一次更改主配置文件 httpd.conf 后，必须重新启动 httpd 进程才能生效。

12.3　WWW 服务器的配置文件

安装好 httpd 包后，有几种文件需要说明，具体如下。

- /usr/sbin/httpd：httpd 服务器的守护进程文件位置，默认启动的多处理模块 MPM 为 prefork 模式。
- /etc/rc.d/init.d/httpd：httpd 服务器的启动文件位置。
- /etc/httpd：工作根目录，相当于程序安装目录。
- /etc/httpd/conf：配置文件目录，主配置文件为 httpd.conf。
- /etc/httpd/conf.d/＊.conf：conf.d 目录下的所有扩展名为.conf 的文件都是子配置文件。
- /etc/httpd/modules：模块目录。
- /etc/httpd/logs：链接到/var/log/httpd 目录，是日志目录。日志文件有两类：访问日志 access_log，错误日志 err_log。
- /var/www/html：默认的网站的主目录。
- /var/www/cgi-bin：放置用户自己编制的 CGI 程序，用于动态网页服务中与用户的交互。

Linux 的 WWW 服务器配置文件 httpd.conf 的默认代码有上千行，有些配置参数复杂，本书只讲解最常用的，绝大多数参数默认已经配置好了，已经可以满足一般网站的需求，所以不需要再进行更改。只有访问量巨大的网站才需要管理员对一些参数进行调整。

配置文件的格式有 3 种。

(1) 以"＃"开始的行表示注释，是对参数或功能进行的解释，在运行时不起作用。

(2) 没有注释的行一般是"关键字 值"的格式，如"Listen 80"，关键字不能被改动，值可以酌情更改。

(3) 以类似于 HTML 标记的方式把某一块需要说明的包含在＜Directory＞和＜/Directory＞之间，如下所示。

```
<Directory>
    配置语句;
</Directory>
```

httpd.conf 的配置文件包括下列 3 个部分(///后为编者注释)。

```
###Section 1: Global Environment          //全局环境配置
###Section 2: 'Main' server configuration //主服务器配置
###Section 3: Virtual Hosts               //虚拟主机配置
```

1. 全局环境配置

全局环境配置部分的内容如下。

```
###Section 1: Global Environment
ServerTokens OS              //当服务器响应主机头信息时,显示 httpd 的版本和操作系统名称
ServerRoot "/etc/httpd"         //服务器相关配置文件目录
PidFile run/httpd.pid           //httpd 运行时的进程文件
Timeout 60                      //连接超时时间
KeepAlive Off                   //设置保持连接关闭
MaxKeepAliveRequests 100        //每次连接最多的请求数
KeepAliveTimeout 15             //连续两个请求的间隔
<IfModule prefork.c>            //prefork 工作模式
StartServers        8           //默认启动 httpd 进程时子进程的个数
MinSpareServers     5           //最小空闲子进程的个数
MaxSpareServers     20          //最大空闲子进程的个数
ServerLimit         256         //httpd 进程的最大数
MaxClients          256         //最多可响应的客户数
MaxRequestsPerChild  4000       //一个子进程可以请求的服务数
</IfModule>
Listen 80                       //默认监听端口
//以下为进程启动时装载的模块
LoadModule auth_basic_module modules/mod_auth_basic.so
LoadModule auth_digest_module modules/mod_auth_digest.so
...
Include conf.d/ * .conf         //包含的其他配置文件
User apache                     //httpd 登录系统的用户名
Group apache                    //httpd 登录系统的组名
```

2. 主服务器环境配置

主服务器环境配置部分内容如下。

```
###Section 2: 'Main' server configuration
ServerAdmin root@localhost          //反馈邮件地址
#ServerName www.example.com:80      //WWW 服务器域名
DocumentRoot "/var/www/html"        //Web 站点的主目录
<Directory />
    Options FollowSymLinks
    AllowOverride None
</Directory>
<Directory "/var/www/html">         //主目录的访问规则
    Options Indexes FollowSymLinks
    AllowOverride None
    Order allow,deny
    Allow from all                  //全部客户端可浏览
</Directory>
<IfModule mod_userdir.c>            //设置用户个人主页
    UserDir disabled
    #UserDir public_html
</IfModule>
```

```
DirectoryIndex index.html index.html.var        //设置 Web 站点默认首页文件
AccessFileName .htaccess                         //访问控制文件
<Files ~ "^.ht">                                 //访问控制文件规则
    Order allow,deny
    Deny from all
    Satisfy All
</Files>
#<IfModule mod_proxy.c>                           //代理服务配置部分
#ProxyRequests On
#ProxyVia On

#</IfModule>
```

对上述 WWW 服务器主配置文件主要有以下几点说明。

（1）＜Directory＞和＜/Directory＞语句块。

此部分用于设置一个目录的访问权限，每个语句块都包含的选项如表 12-1 所示。

表 12-1　目录设置选项表

选　　项	功　能　说　明
Option	用于设置目录功能，常用的有 Indexes（只允许索引目录）、FollowSysLinks（表示允许访问符号链接指向的原文件）、Includes（表示允许执行服务端包含 SSI）、ExecCGI（表示允许运行 CGI 脚本）、All（表示支持所有选项）
AllOverride	决定是否取消以前设置的访问权限
Allow	允许连接到该目录
Deny	拒绝连接到该目录
Order	当 Deny 和 Allow 冲突时，哪一个顺序在前

（2）用户个人主页设置部分。

标记＜IFModule mod_userdir.c＞的是用户个人主页设置部分，默认状态下，此项功能将被禁用。12.4 节将详细讲解如何配置个人主页。

（3）代理服务器设置部分。

Apache 服务器可以被配置为代理服务器，标记＜IFModule mod_proxy.c＞是配置代理服务器部分，此功能默认也被禁用。

3. 虚拟主机配置

虚拟主机配置部分的内容如下。

```
###Section 3: Virtual Hosts
#NameVirtualHost * :80                   //设置基于名字的虚拟主机
#<VirtualHost * :80>                     //虚拟主机的配置例子
#    ServerAdmin webmaster@dummy-host.example.com
#    DocumentRoot /www/docs/dummy-host.example.com
```

```
#    ServerName dummy-host.example.com
#    ErrorLog logs/dummy-host.example.com-error_log
#    CustomLog logs/dummy-host.example.com-access_log common
#</VirtualHost>
```

虚拟主机技术是现在被广泛采用的一种技术,人们利用它可以在一台物理主机上搭建多个站点,这些站点可以具有不同的域名或具有不同的 IP 地址或端口,从外部看,就好像每一个站点都是独立的,有效节约了主机和 IP 资源。

12.4　用户个人站点配置

个人站点的形式如"http://www.example.com/~username",其中"www.example.com"是一个 WWW 域名,username 是这个主机上的某个账户,它在 WWW 主机将有自己默认的空间,即在主机上的一个目录。默认配置下,其他人是不能通过"http://www.example.com/~username"访问用户 username 的个人空间的,但配置了个人主页功能后,就能启用这个功能。下面以建立一个用户 wjk 的个人主页空间为例,介绍用户个人空间的设置方法。

（1）在 CentOS 系统中新建用户 wjk,输入的命令如图 12-5 所示。

```
[root@localhost ~]# useradd wjk
[root@localhost ~]# passwd wjk
```

图 12-5　创建用户 wjk

（2）编辑/etc/httpd/conf/httpd.conf 文件,把主服务器配置文件的个人主页部分设置如下。

```
<IfModule mod_userdir.c>
    #UserDir disabled
    UserDir public_html
</IfModule>
```

（3）在用户的目录/home/wjk 下建立 public_html 目录,并修改 wjk 目录权限为其他人可访问,不增加可读权限,这是为了保护用户文件的安全与隐私性,如图 12-6 所示。

```
[wjk@localhost ~]$ mkdir public_html
[wjk@localhost ~]$ chmod 701 /home/wjk
[wjk@localhost ~]$ ls -l /home | grep wjk
drwx-----x. 5 wjk    wjk    4096 May 31 19:25 wjk
```

图 12-6　创建 public_html 目录

（4）在建立的 public_html 目录下建立 index.html 文件,并写入首页内容,如图 12-7 所示。重新启动 httpd 服务器,并测试个人主页服务,如图 12-8 所示。（注意:此时需要关闭 selinux）

```
[wjk@localhost ~]$ echo "This is Wjk's HomePage">/home/wjk/public_html/index.html
[wjk@localhost ~]$ cat /home/wjk/public_html/index.html
This is Wjk's HomePage
[wjk@localhost ~]$ su
Password:
[root@localhost wjk]# service httpd restart
Stopping httpd:                                              [  OK  ]
Starting httpd:                                              [  OK  ]
```

图 12-7　创建 index.html 文件

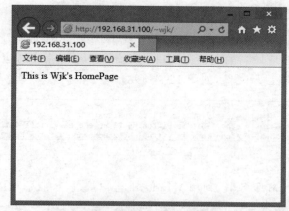

图 12-8　测试个人主页

12.5　虚拟主机配置

12.5.1　基于域名的虚拟主机配置

基于域名的虚拟主机就是指支持用户以不同的域名访问的虚拟主机,这些主机的 IP 地址和端口号相同,但在主机上具有不同的文档目录。例如,要配置域名为 www. virtualhost1.com、www.virtualhost2.com 都对应 IP 地址为 192.168.31.100,端口号为 80 的虚拟主机,步骤如下。

(1) 配置客户端 DNS 和 CentOS 主机 IP。

一般情况下,客户端大多使用 Windows 操作系统,因此可以编辑 Windows 系统下的 hosts 文件(C:\windows\system32\drivers\etc\hosts),添加以下内容。

```
192.168.31.100    www.virtualhost1.com
192.168.31.100    www.virtualhost2.com
```

配置 CentOS 系统的 IP 地址为 192.168.31.100。

(2) 配置 httpd.conf 文件。

编辑/etc/httpd/conf/httpd.conf 配置文件的内容,在文档最后添加如下内容。

```
NameVirtualHost 192.168.31.100:80
<VirtualHost 192.168.31.100:80>
        DocumentRoot /var/www/html/virtualhost1
        ServerName www.virtualhost1.com
</VirtualHost>
<VirtualHost 192.168.31.100:80>
        DocumentRoot /var/www/html/virtualhost2
        ServerName www.virtualhost2.com
</VirtualHost>
```

配置文件中"NameVirtualHost 192.168.31.100"表示其是基于名字的虚拟主机,
DocumentRoot 指定相应域名的文档存放目录,ServerName 指定对应虚拟主机的域名。

(3) 根据配置建立目录文件,如图 12-9 所示。

```
[root@localhost html]# cd /var/www/html
[root@localhost html]# mkdir virtualhost1 virtualhost2
[root@localhost html]# echo "This is VirtualHost1 HomePage">virtualhost1/index.html
[root@localhost html]# echo "This is VirtualHost2 HomePage">virtualhost2/index.html
```

图 12-9   建立目录文件

(4) 重新启动 httpd 服务器,利用 Windows 客户端进行测试,如图 12-10 所示。

图 12-10   基于名称的虚拟主机测试

12.5.2   基于 IP 的虚拟主机配置

基于 IP 的虚拟主机指一个主机配置有多个 IP 地址,当客户端访问不同 IP(或同一个
IP 不同端口)的时候,得到的显示内容各不相同。

1. IP 地址不同、端口号相同的虚拟主机配置

一般服务器主机都装有多个物理网卡,因此可以给不同的网卡绑定不同的 IP 地址;
普通的台式计算机一般都只有一个物理网卡,只能向一个网卡绑定多个 IP。这里采用
后者。

(1) 在 CentOS 主机上配置两个 IP 地址。首先使用 inconfig 命令查看网卡的网络接
口配置,如图 12-11 所示。

从图 12-11 中已知,物理网卡上已经有一个 IP 地址,下面需要再绑定另一个 IP 地

```
[root@localhost html]# ifconfig
eth0      Link encap:Ethernet  HWaddr 00:0C:29:89:18:58
          inet addr:192.168.31.100  Bcast:192.168.31.255  Mask:255.255.255.0
          inet6 addr: fe80::20c:29ff:fe89:1858/64 Scope:Link
          UP BROADCAST RUNNING MULTICAST  MTU:1500  Metric:1
          RX packets:9336 errors:0 dropped:0 overruns:0 frame:0
          TX packets:216 errors:0 dropped:0 overruns:0 carrier:0
          collisions:0 txqueuelen:1000
          RX bytes:913494 (892.0 KiB)  TX bytes:14125 (13.7 KiB)
```

图 12-11　查询主机 IP 地址

址。输入的命令及执行结果如图 12-12 和图 12-13 所示。

```
[root@localhost ~]# cd /etc/sysconfig/network-scripts/
[root@localhost network-scripts]# cp ifcfg-eth0 ifcfg-eth0:0
[root@localhost network-scripts]# vim ifcfg-eth0:0
DEVICE=eth0:0
HWADDR=00:0C:29:89:18:58
TYPE=Ethernet
UUID=a3188dd1-9a6c-4a5f-a744-8c9520d475a9
ONBOOT=yes
NM_CONTROLLED=no
BOOTPROTO=static
IPADDR=192.168.31.200
NETMASK=255.255.255.0
GATEWAY=192.168.31.1
```

图 12-12　绑定第 2 个 IP 地址

```
[root@localhost network-scripts]# service network restart
Shutting down interface eth0:                              [  OK  ]
Shutting down loopback interface:                          [  OK  ]
Bringing up loopback interface:                            [  OK  ]
Bringing up interface eth0:  Determining if ip address 192.168.31.100 is already in use
 for device eth0...
Determining if ip address 192.168.31.200 is already in use for device eth0...
                                                           [  OK  ]
[root@localhost network-scripts]# ifconfig
eth0      Link encap:Ethernet  HWaddr 00:0C:29:89:18:58
          inet addr:192.168.31.100  Bcast:192.168.31.255  Mask:255.255.255.0
          inet6 addr: fe80::20c:29ff:fe89:1858/64 Scope:Link
          UP BROADCAST RUNNING MULTICAST  MTU:1500  Metric:1
          RX packets:9962 errors:0 dropped:0 overruns:0 frame:0
          TX packets:270 errors:0 dropped:0 overruns:0 carrier:0
          collisions:0 txqueuelen:1000
          RX bytes:982035 (959.0 KiB)  TX bytes:17566 (17.1 KiB)

eth0:0    Link encap:Ethernet  HWaddr 00:0C:29:89:18:58
          inet addr:192.168.31.200  Bcast:192.168.31.255  Mask:255.255.255.0
          UP BROADCAST RUNNING MULTICAST  MTU:1500  Metric:1
```

图 12-13　显示绑定后网卡状态

（2）配置 httpd.conf 文件。编辑/etc/httpd/conf/httpd.conf 配置文件，虚拟主机配置如下。

```
#NameVirtualHost * 80
<VirtualHost 192.168.31.100:80>
        DocumentRoot /var/www/html/virtualhost1
        ServerName 192.168.31.100
</VirtualHost>
<VirtualHost 192.168.31.101:80>
```

```
        DocumentRoot /var/www/html/virtualhost2
        ServerName 192.168.31.101
</VirtualHost>
```

（3）根据配置建立目录文件。输入的命令如图 12-14 所示。

```
[root@localhost ~]# cd /var/www/html
[root@localhost html]# mkdir virtualhost1 virtualhost2
[root@localhost html]# echo "This is 192.168.31.100 HomePage" > virtualhost1/index.html
[root@localhost html]# echo "This is 192.168.31.100 HomePage" > virtualhost2/index.html
```

图 12-14　创建目录文件

（4）重启 httpd 服务器，在客户端测试，如图 12-15 所示。

图 12-15　基于 IP 地址不同而端口号相同的虚拟主机测试

2. IP 地址相同、端口号不同的虚拟主机配置

假设 CentOS 主机的 IP 地址为 192.168.31.100，在系统中被监听的 HTTP 服务端口号分别为 8000、8080，每个端口需要实现一个虚拟主机配置。

（1）在 CentOS 主机上配置 IP 地址。使用 ifconfig 命令查看 IP 地址，如图 12-16 所示。

```
[root@localhost ~]# ifconfig
eth0      Link encap:Ethernet  HWaddr 00:0C:29:B7:2E:74
          inet addr:192.168.31.100  Bcast:192.168.31.255  Mask:255.255.255.0
          inet6 addr: fe80::20c:29ff:feb7:2e74/64 Scope:Link
          UP BROADCAST RUNNING MULTICAST  MTU:1500  Metric:1
          RX packets:20536 errors:0 dropped:0 overruns:0 frame:0
          TX packets:18115 errors:0 dropped:0 overruns:0 carrier:0
          collisions:0 txqueuelen:1000
          RX bytes:21623032 (20.6 MiB)  TX bytes:7877126 (7.5 MiB)
```

图 12-16　主机 IP 地址信息

（2）配置 httpd.conf 文件。编辑/etc/httpd/conf/httpd.conf 文件，虚拟主机配置如下。

```
#Listen 12.34.56.78:80
Listen 8000
```

```
Listen 8080

#NameVirtualHost * 80
<VirtualHost 192.168.31.100:8000>
        DocumentRoot /var/www/html/virtualhost1
        ServerName 192.168.31.100
</VirtualHost>
<VirtualHost 192.168.31.101:8080>
        DocumentRoot /var/www/html/virtualhost2
        ServerName 192.168.31.100
</VirtualHost>
```

（3）根据配置建立目录文件，如图 12-17 所示。

```
[root@localhost ~]# cd /var/www/html
[root@localhost html]# mkdir virtualhost1 virtualhost2
[root@localhost html]# echo "This is 8000 Port HomePage">virtualhost1/index.html
[root@localhost html]# echo "This is 8080 Port HomePage">virtualhost2/index.html
```

图 12-17　设置主机主页信息

（4）重启 httpd 服务器，在客户端测试，如图 12-18 所示。

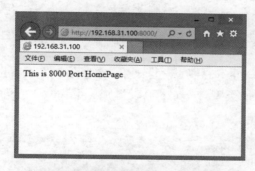

图 12-18　基于 IP 地址相同而端口号不同的虚拟主机测试

12.6　用户认证配置

用户认证是主机访问控制的一种，就在访问某些网站或单击某个链接时，浏览器会弹出一个身份验证对话框，要求访问者输入账号及密码，不输入就无法继续浏览。

　　例如,设置访问 CentOS 主机的 WWW 服务,在访问者获取/var/www/html 目录文档时进行用户认证,步骤如下。

　　(1) 配置 httpd.conf 文件,文件内容如下。

```
<Directory "/var/www/html">
    Options Indexes FollowSymLinks
    AllowOverride All
    Order allow,deny
    Allow from all
</Directory>

AccessFileName .htaccess
```

　　其中,AllowOverride 键的值要设置为 All,这样后面的.htaccess 文件才会起作用。

　　AccessFileName .htaccess 语句指定了存取控制权限的配置文件名称。

　　(2) 创建.htaccess 文件内容。要控制某目录的访问权限必须建立一个.htaccess 访问控制文件,其内容格式如下。

```
AuthUserFile 用户账号密码文件名
AuthName 在出现输入账号密码的对话框中的提示信息
AuthType 认证的类型
require 可用账号名称
```

　　把账号的密码文件放在/var/www 目录下,将之命名为 apache.passwd,认证的类型使用 Apache 默认的 basic 类型,require 值设置成 valid-user。下面即为创建的.htaccess 文件。

```
AuthUserFile        /var/www/apache.passwd
AuthName            "Protect test by .htaccess"
AuthType            Basic
require             valid-user
```

　　(3) 建立用户密码文件。创建账号的密码,命令格式如下。

```
htpasswd -c 密码文件名 用户名
```

　　这里已经将密码文件位置设置在/var/www 目录下的 apache.passwd 文件中,所以这里的操作如图 12-19 所示。

```
[root@localhost html]# htpasswd -c /var/www/apache.passwd wjk
New password:
Re-type new password:
Adding password for user wjk
```

图 12-19　创建账号的密码操作

如果要向密码文件中添加新用户,可以进行如下操作。

```
[root@localhost html]#htpasswd -c/var/www/apache.passwd test
```

（4）重新启动 httpd 后在客户端测试,如图 12-20 和图 12-21 所示。

图 12-20　客户端认证

图 12-21　认证测试成功

第13章 FTP服务器配置与管理

13.1 FTP概述

FTP(file transfer protocol,文件传输协议)是基于TCP的最古老的应用协议之一。在没有出现类似于SAMBA的协议之前,人们都是使用FTP来进行数据传输的。它可以传输文档、图像、视频、音频等多种类型的文件。

与大多数互联网服务一样,FTP也基于客户-服务器系统。用户通过一个支持FTP协议的客户机程序连接到在远程主机上的FTP服务器程序,通过客户机程序向服务器程序发出命令,服务器程序执行用户所发出的命令,并将执行的结果返回到客户机。例如,用户发出一条命令,要求服务器向用户传送某一个文件的一份副本,服务器会响应这条命令,将指定文件副本送至用户的计算机上。客户机程序代表用户接收到这个文件,将其存放在用户目录中。

13.2 FTP的工作原理

在FTP的使用当中,用户经常会遇到两个概念:"下载"(download)和"上传"(upload)。"下载"文件就是从远程主机复制文件至自己的计算机;"上传"文件就是将文件从自己的计算机中复制至远程主机。用户可通过客户机程序向(从)远程主机上传(下载)文件,也就是说客户端要和服务器端建立连接并进行通信。

FTP是仅基于TCP的服务,不支持UDP。与众不同的是FTP使用两个端口,一个数据端口和一个命令端口(也可叫作控制端口)。通常来说,这两个端口是21号端口(命令端口)和20号端口(数据端口)。但由于FTP工作方式的不同,数据端口号并不总是20。这就是主动与被动FTP的最大不同之处。FTP主要有下列两种工作模式。

1. 主动FTP

主动FTP,即Port模式,客户端从一个任意的非特权端口(端口号为N,$N > 1024$)连接到FTP服务器的命令端口,也就是21号端口。然后客户端开始监听$N+1$号端口,并发送FTP命令"port $N+1$"到FTP服务器。接着服务器会从它自己的数据端口(20号端口)连接到客户端指定的数据端口(端口号为$N+1$)。

FTP服务器之前的防火墙必须允许以下通信才能支持主动方式FTP。

(1)任何端口号大于1024的端口到FTP服务器的21号端口(客户端初始化)的连接。

(2)FTP服务器的21号端口到端口号大于1024的端口(服务器响应客户端的控制端口)的连接。

（3）FTP 服务器的 20 号端口到端口号大于 1024 的端口（服务器端初始化数据连接到客户端的数据端口）的连接。

（4）端口号大于 1024 的端口到 FTP 服务器的 20 号端口（客户端发送 ACK 响应到服务器的数据端口）的连接。

在主动模式下，FTP 服务器的控制端口的端口号是 21，数据端口的端口号是 20，所以在做静态映射的时候只需要开放 21 号端口即可，它会用 20 号端口和客户端主动地发起连接。

2. 被动 FTP

为了解决服务器发起的到客户的连接问题，人们开发了一种不同的 FTP 连接方式。这就是所谓的被动方式，或者叫作 PASV（passive mode），当客户端通知服务器它处于被动模式时才启用。

在被动方式 FTP 中，命令连接和数据连接都由客户端发起，这样就可以解决从服务器到客户端的数据端口的连接被防火墙过滤的问题。

在开启一个 FTP 连接时，客户端打开两个任意的非特权本地端口（端口号 $N>1024$ 和为 $N+1$）。第一个端口连接服务器的 21 号端口，但与主动方式的 FTP 不同，客户端不会提交 port 命令并允许服务器来回连接它的数据端口，而是提交 PASV 命令。这样做的结果是服务器会开启一个任意的非特权端口（端口号 $P>1024$），并发送"port p"命令给客户端。然后客户端发起从本地端口 $N+1$ 号到服务器的 P 号端口的连接，用来传送数据。

服务器端的防火墙必须允许下面的通信才能支持被动方式的 FTP。

（1）从任何端口号大于 1024 的端口到服务器的 21 号端口（客户端初始化）的连接。

（2）服务器的 21 号端口到任何端口号大于 1024 的端口（服务器响应到客户端的控制端口）的连接。

（3）从任何端口号大于 1024 端口到服务器的端口号大于 1024 端口（客户端初始化数据连接到服务器指定的任意端口）的连接。

（4）服务器的端口号大于 1024 的端口到远程的端口号大于 1024 的端口（服务器发送 ACK 响应和数据到客户端的数据端口）的连接。

在被动模式下，FTP 服务器的控制端口的端口号是 21，数据端口是随机的，且是客户端去连接对应的数据端口，所以在做静态映射的话，只开放 21 号端口是不可以的，此时需要做 DMZ（demilitarized zone，非军事区）。

13.3　vsftpd 的安装与启动

Linux 下的 FTP 服务器软件包名为 vsftpd。

（1）vsftpd 服务的安装。

查看系统中是否已经安装了 vsftpd 服务，如果没有安装，找到 vsftpd 服务的 RPM 安装包或是使用 YUM 安装，输入的命令及执行结果如图 13-1 所示。

```
[root@localhost ~]# rpm -qa | grep vsftpd
[root@localhost ~]# yum install vsftpd -y
```

图 13-1　安装 vsftpd 服务

（2）启动、停止、重启 vsftpd 服务，查看 vsftpd 服务状态，输入的命令及执行结果如图 13-2 所示。

```
[root@localhost ~]# service vsftpd start
Starting vsftpd for vsftpd:                          [  OK  ]
[root@localhost ~]# service vsftpd stop
Shutting down vsftpd:                                [  OK  ]
[root@localhost ~]# service vsftpd restart
Shutting down vsftpd:                                [FAILED]
Starting vsftpd for vsftpd:                          [  OK  ]
[root@localhost ~]# service vsftpd status
vsftpd (pid 8239) is running...
```

图 13-2　查看 vsftpd 服务的状态

13.4　vsftpd 的配置文件

vsftpd 服务默认地被安装在/etc/vsftpd 目录下，与配置相关的文件有 vsftpd.conf、ftpusers 和 user_list。

1. vsfptd 主配置文件(/etc/vsftpd/vsftpd.conf)

vsftpd.conf 中的控制选项有许多，可以控制 vsftpd 的多种行为。下面介绍一下主要控制选项。

```
anonymous_enable=YES                        //允许匿名用户登录
local_enable=YES                            //允许本地用户登录
write_enable=YES                            //用户的写权限
local_umask=022                             //上传文件时的默认掩码
#anon_upload_enable=YES                      //是否允许匿名用户上传
#anon_mkdir_write_enable=YES                 //是否允许匿名用户创建目录
xferlog_enable=YES                          //是否允许生成日志文件
#xferlog_file=/var/log/xferlog  //日志文件位置，与 xferlog_std_format=YES 配合使用
ftpd_banner=Welcome to blah FTP service.  //是否设置 ftp 欢迎信息
#chroot_local_user=YES                       //是否允许用户访问上层目录
#chroot_list_enable=YES                      //是否允许用户列出上层目录信息
#chroot_list_file=/etc/vsftpd/chroot_list
//如果 chroot_local_user=YES,则 chroot_list 文件指定的用户不能访问上层目录
pam_service_name=vsftpd                      //指定 PAM 认证文件
userlist_enable=YES
tcp_wrappers=YES                            //设置使用 tcp_wrappers 实现主机访问控制
```

2. 辅助配置文件

辅助配置文件有两个，即/etc/vsftpd/ftpusers 和/etc/vsftpd/user_list。

（1）/etc/vsftpd/ftpusers。

文件中列出的所有用户都不能访问 FTP 服务器，如 root 用户默认情况下就不能作为 FTP 本地用户登录 FTP 服务器。

（2）/etc/vsftpd/user_list（用户列表文件）。

当在/etc/vsftpd/vsftpd.conf 文件中设置了 userlist_enable＝YES（激活用户列表），且 userlist_deny＝YES 时，user_list 文件中指定的用户不能访问 FTP 服务器。

当在/etc/vsftpd/vsftpd.conf 文件中设置了 userlist_enable＝YES，且 userlist_deny＝NO 时，仅允许 user_list 文件中指定的用户访问 FTP 服务器。

13.5　配置 vsftpd 服务

1. 配置本地用户登录 FTP 服务器

默认配置下，vsftpd 服务不用进行任何配置，本地用户即可登录 vsftpd 服务器。为了便于测试登录情况，可以先安装 Linux 下的 FTP 客户端（如图 13-3 所示）。这里不推荐用 Windows 的资源管理器访问 vsftpd 服务器进行测试，因为 Windows 的资源管理器为图形窗口界面，不会返回任何状态信息，如图 13-4 所示。

```
[root@localhost ~]# yum install ftp          //安装 FTP 客户端
[user@localhost ~]$ ftp 192.168.31.100
Connected to 192.168.31.100 (192.168.31.100).
220 Welcome to JLNU FTP service.
Name (192.168.31.100:user): user
331 Please specify the password.
Password:
230 Login successful.
Remote system type is UNIX.
Using binary mode to transfer files.
ftp> mkdir incoming
257 "/home/user/incoming" created
ftp> cd incoming
250 Directory successfully changed.
ftp> put test1
local: test1 remote: test1
227 Entering Passive Mode (192,168,31,100,184,40).
150 Ok to send data.
226 Transfer complete.
ftp> ls
227 Entering Passive Mode (192,168,31,100,107,236).
150 Here comes the directory listing.
-rw-r--r--    1 501      501             0 May 04 08:40 test1
226 Directory send OK.
```

图 13-3　安装 FTP 客户端的过程

本地用户登录 vsftpd 服务虽然得到了许多便利，但是出于安全角度的考虑，这种方

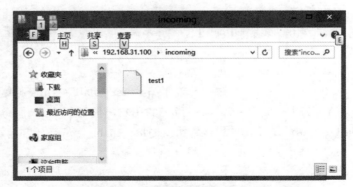

图 13-4　用 Windows 资源管理器登录 vsftpd 服务器

式是极为不被推荐的,因为本地用户拥有一般用户的所有权限,同时也可以远程登录到服务器,存在许多安全隐患。

2. 配置匿名用户登录 FTP 服务器

默认配置下,匿名用户是可以登录 vsfpd 服务器的,但只能浏览默认指定目录下的内容,既不能上传文件,也不能下载文件,如图 13-5 所示。

```
[user@localhost ftp]$ ftp 192.168.31.100
Connected to 192.168.31.100 (192.168.31.100).
220 Welcome to JLNU FTP service.
Name (192.168.31.100:user): anonymous
331 Please specify the password.
Password:
230 Login successful.
Remote system type is UNIX.
Using binary mode to transfer files.
ftp> pwd
257 "/"
```

图 13-5　匿名用户登录

想让匿名用户上传文件和建立目录,需要在配置文件里增加下列两个选项。

```
anon_upload_enable=YES
anon_mkdir_write_enable=YES
```

重启 vsftpd 服务器,登录 vsftpd 服务后,匿名用户还不能上传文件和创建目录,这是因为没有相应的写权限。匿名用户默认登录服务器的目录是/var/ftp,这个目录的属主是 root 用户。

```
drwxr-xr-x.  3 root root 4096 May  4 16:20 ftp
```

同样,ftp 下的已有目录 pub 的属主也是 root 用户。在打开/etc/passwd 文件时,可以看到文件里有许多无法登录系统的用户,其中就有 ftp 用户。

```
ftp:x:14:50:FTP User:/var/ftp:/sbin/nologin
```

当使用匿名用户登录 vsftpd 服务器时,系统就会用 ftp 用户身份标识这些用户,默认位置为/var/ftp。只要改/var/ftp 下的目录或文件属主为 ftp 用户,就可以创建和上传文件了,如图 13-6 所示。

```
[root@localhost ftp]# chown -R ftp pub
[root@localhost ftp]# ls -l
total 4
drwxr-xr-x. 3 ftp    root 4096 May    4 17:12 pub
```

图 13-6　修改匿名用户的使用目录及文件的权限

也可以不改变目录属主,直接为它赋予 777 权限也可以。但这时还不能删除文件或目录,还需要增加以下两个选项,才能在服务器上执行任意写操作。

```
anon_world_readable_only=NO
anon_other_write_enable=YES
```

3. 配置虚拟用户登录 FTP 服务器

允许匿名用户在服务器任意操作也非常不安全。既不能用本地用户登录 FTP 服务器,也不能让匿名用户在服务器任意操作,那么为什么要使用 vsftpd 服务器呢? vsftpd 服务之所以称为安全 FTP 服务,原因之一是它提供了虚拟用户登录的方式。

(1) 创建虚拟用户的宿主用户。

虚拟用户的宿主用户是不能登录服务器的,这里用 useradd 命令的-s 选项指定登录的 shell 为/sbin/nologin 的目录。

```
[root@localhost ~]#useradd -s /sbin/nologin virtual1
[root@localhost ~]#useradd -s /sbin/nologin virtual2
```

(2) 创建虚拟用户列表文件,如图 13-7 所示。

```
[root@localhost ~]# vim virtual_login
user1
123456
user2
654321
user3
666666
```

图 13-7　创建虚拟用户列表文件

(3) 生成虚拟用户数据库文件,命令如下。

```
[root@localhost ~]#db_load -T -t hash -f /root/virtual_login /etc/vsftpd/virtual_login.db
```

如果系统找不到 db_load 命令,那么可运行"yum install db4-utils"命令安装。

(4) 配置 vsftpd 主文件/etc/vsftpd/vsftpd.conf,在文件末端添加虚拟用户支持选项,如下所示。

```
local_enable=YES      //必须为 YES,因为虚拟用户是映射到刚创建的本地用户以实现访问的
guest_enable=YES                    //启用虚拟用户
pam_service_name=vsftpd.vu          //指定 PAM 认证文件
user_config_dir=/etc/vsftpd/vuser   //指定虚拟用户配置文件的存放路径
```

(5) 编辑 PAM 认证文件。

创建原 PAM 认证文件的副本,以便于日后的维护操作,命令如下。

```
[root@localhost vsftpd]#cp /etc/pam.d/vsftpd /etc/pam.d/vsftpd.vu
```

用 Vi 编辑器打开 vsftpd.vu 文件,删除原文件全部内容,写入虚拟用户认证文件的内容,如下所示。

```
#%PAM-1.0
auth required pam_userdb.so db=/etc/vsftpd/virtual_login
account required pam_userdb.so db=/etc/vsftpd/virtual_login
```

如果需要让本地用户和虚拟用户同时登录,则要保留原认证文件内容,并在文件的最前端添加如下内容。

```
#%PAM-1.0
auth sufficient pam_userdb.so db=/etc/vsftpd/virtual_login
account sufficient pam_userdb.so db=/etc/vsftpd/virtual_login
```

(6) 创建虚拟用户配置文件。

创建虚拟用户配置文件的存放目录,命令如下。

```
[root@localhost vsftpd]#mkdir /etc/vsftpd/vuser
```

在/etc/vsftpd/vuser 目录创建与虚拟用户名同名称的配置文件,并分别编辑文件内容。命令如下。

```
[root@localhost vuser]#pwd
/etc/vsftpd/vuser
[root@localhost vuser]#touch user1 user2 user3
```

分别编辑虚拟用户配置文件,如下所示。

```
[root@localhost vuser]#vim user1
guest_enable=YES                //开启虚拟用户
guest_username=virtual1         //指定 user1 虚拟用户的宿主用户 virtual1
write_enable=YES                //允许写权限
```

```
anon_world_readable_only=NO        //允许用户浏览服务器的文件件系统,允许下载
anon_mkdir_write_enable=YES        //允许创建目录
anon_other_write_enable=YES        //允许用户修改、删除数据
anon_upload_enable=YES             //允许用户上传

[root@localhost vuser]#vim user1
guest_enable=YES
guest_username=virtual1
local_root=/home/virtual1
anon_world_readable_only=NO

guest_enable=YES
guest_username=virtual2
write_enable=YES
anon_world_readable_only=NO
anon_mkdir_write_enable=YES
anon_other_write_enable=YES
anon_upload_enable=YES
```

（7）重启 vsftpd 服务器以使设置生效,命令如下。

```
[root@localhost vsftpd]#service vsftpd restart
Shutting down vsftpd:                          [  OK  ]
Starting vsftpd for vsftpd:                    [  OK  ]
```

（8）用虚拟用户登录 vsftpd 服务器,并验证结果,如图 13-8～图 13-10 所示。

```
[root@localhost vsftpd]# ftp 192.168.31.100
Connected to 192.168.31.100 (192.168.31.100).
220 Welcome to JLNU FTP service.
Name (192.168.31.100:root): user2
331 Please specify the password.
Password:
230 Login successful.
Remote system type is UNIX.
Using binary mode to transfer files.
ftp> mkdir jlnu
257 "/jlnu" created
ftp>
```

图 13-8　命令行终端登录方式

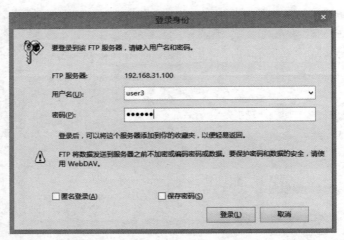

图 13-9　图形登录界面

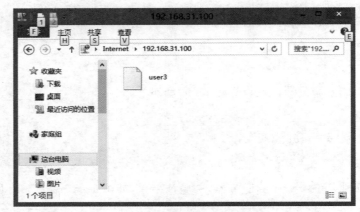

图 13-10　登录测试成功

第14章 虚拟化及云计算

14.1 虚拟化概念

虚拟的概念在人们生活中无处不在,"万般皆虚拟,一切乃抽象"即是对人类社会和物理宇宙的真实描述,如何在虚拟和现实生活中掌握平衡,将虚拟的优势发挥得恰到好处,使抽象的事物具象化是很多学者一直努力的目标。

虚拟和抽象也往往被应用于计算机领域,在云计算时代,虚拟化技术得到了广泛的应用。作为云计算的关键技术,虚拟化技术将物理资源转变成具有可管理性的逻辑资源,以消除物理结构之间的隔离,将物理资源融为一个整体,提供了一个灵活多变、可扩展的服务平台。通过提供灵活的自助信息技术基础设施,云计算彻底改变了信息的处理方式,而虚拟化技术则在其中起到了决定性的作用。它的独立性、高度集成性和移动性改变了当前的 IT 基础架构、流程和成本。通过消除应用层和物理主机之间的长期障碍,虚拟化使部署变得更加容易和方便,工作负载的移动性也得到了显著增强。云计算技术与虚拟化技术的结合可以为计算机技术的发展提供新的思路,与传统单一技术相比,融合技术显现出更加明显的包容性和实用性,能够更好地面对灵活多变的应用场景,满足更多的技术要求。因此,将云计算技术与虚拟化技术相结合,将更有利于进一步提升传统计算机的运行能力。基于虚拟化技术的云计算应用与一般应用的不同在于前者不是关注用户所需要的信息,而是更需要计算和存储能力的提升。

云计算的实现依赖能够实现虚拟化自动负载平衡随需应变的软硬件平台,在这一领域的提供商主要是传统上领先的软硬件生产商,如 EMV 的 VMware、RedHat、Oracle、IBM、惠普 Intel 等,这些公司的产品的主要特点是灵活和稳定兼备的集群方案,以及标准化、廉价的硬件产品。

虚拟化的概念最早在 1959 年 6 月由计算机科学家克里斯托弗·斯特雷奇(Christopher Strachey)在国际信息处理大会上发表的论文《大型高速计算机中的时间共享》中首次提出的。虚拟化是一个广义的术语,对于不同的人来说可能意味着不同的东西,这取决于他们所处的环境。在计算机科学领域中,虚拟化代表对计算资源的抽象,而不仅局限于虚拟机的概念。例如,对物理内存的抽象产生了虚拟内存技术,使应用程序认为其自身拥有连续可用的地址空间(address space),实际上,应用程序的代码和数据可能被分隔成多个碎片页或段,甚至被交换到磁盘、闪存等外部存储器上,即使物理内存不足,应用程序也能顺利执行。虚拟化技术的本质是把已经拥有的计算机资源分成若干个子计算机资源,而这些资源彼此相互独立,互不影响,它们接受统一的管理平台管控。虚拟化技术的目标就是提高计算机资源的利用率和灵活部署。

1. 虚拟化技术

虚拟化技术的定义包括以下三个典型的描述。

(1) 虚拟化是以某种用户和应用程序都可以很容易从中获益的方式表示计算机资源的过程,而不是根据这些资源的实现、地理位置或物理包装的专有方式表示它们。换句话说,它为数据、计算能力、存储资源以及其他资源提供了一个逻辑视图,而不是物理视图。

(2) 虚拟化是表示计算机资源的逻辑组(或子集)的过程,这样就可以用从原始配置中获益的方式访问它们。这种资源的新虚拟视图并不受地理位置或底层资源的物理配置的限制。

(3) 虚拟化对一组类似资源提供一个通用的抽象接口集,从而隐藏属性和操作之间的差异,并允许通过一种通用的方式查看并维护资源。

2. 虚拟化的目的

虚拟化的目的主要是简化 IT 基础设施和资源管理方式,帮助企业节省资源开销,整合、分配资源,节约成本。从近两年虚拟机被大量部署到企业的成功案例可以看出,越来越多的企业开始关注虚拟化技术带来的好处,同时也在不断地审视自身目前的 IT 基础架构,从而希望改变传统架构。根据虚拟化技术的特点,其应用价值可以体现在云桌面办公、云计算、云项目管理、云开发、云测试等。虚拟化对不同的人来说意味着不同的东西,这取决于他们所从事的工作和环境,但是虚拟化的本质不会改变,它代表一个巨大的趋势,引领了 IT 业的发展。虚拟化技术的应用解决了人们以前许多难以解决的问题,这主要体现在以下 4 方面。

(1) 需要在一个特定的软硬件环境中虚拟另一个不同的软硬件环境,并可以打破层级依赖的现状。

(2) 提高计算机、服务器的利用率。虚拟化技术可以在一台物理服务器上同时安装并运行多种操作系统,有效提高物理设备的利用率。它的高可用性策略保证了虚拟主机的正常运行。

(3) 不同的物理服务器之间会存在兼容性问题,为使不同品牌、不同硬件兼容,虚拟化可以统一虚拟硬件而达到融合的目的。

(4) 虚拟化可以节约潜在成本,在硬件采购、操作系统许可、能耗、机房温度控制以及机房空间分配等方面可以节约成本。

3. 虚拟化的分类

虚拟化技术的分类有很多种,从虚拟化的使用目的来看,大致可以分为以下 4 种。

(1) 平台虚拟化。

平台虚拟化是指对服务器和操作系统的虚拟化,其中服务器虚拟化是将一个操作系统的物理层分割到多个虚拟主机中,操作系统可以是任意的,如 Linux、Windows 或者 UNIX 等。服务器的虚拟化又分为软件虚拟化和硬件虚拟化。软件虚拟化是指在一个具有操作系统的平台上运行虚拟化操作系统,这种方式属于寄居架构,典型的应用如

VMware Workstation。软件虚拟化的架构如图 14-1 所示。

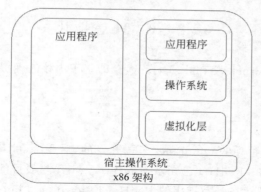

图 14-1　软件虚拟化

硬件虚拟化则是指虚拟化平台直接运行在物理硬件上,这种方式也叫作 Hypervisor。Hypervisor 运行在虚拟化操作系统之下,硬件系统之上,属于一种原生架构,不需要操作系统的支撑,可直接管理硬件资源。

(2) 资源虚拟化。

资源虚拟化主要是虚拟计算机中的资源,包括存储虚拟化和网络虚拟化。存储虚拟化可以合并多个设备中的物理存储,使其表现为单一的存储资源池。对于用户来说,他们看不到具体的磁盘,也不必关心自己的数据经过哪一条路径通往哪一个具体的存储设备。网络虚拟化可以将一条网络带宽分割成若干个相互独立的通道,以此控制可用带宽,将可用带宽分配给特定的资源。比较常见的就是虚拟局域网,在物理局域网内创建逻辑网络,而这两种网络互不影响。

(3) 应用虚拟化。

基于应用程序的软件服务虚拟化可以将应用程序从操作系统中分离出来,使应用程序运行在操作系统中,但又不依赖操作系统。应用程序虚拟化为应用程序提供了一个虚拟的运行环境,这个环境不仅包括应用程序的可执行文件,还包括它所需要的运行时环境。

(4) 表示层虚拟化。

用户在使用应用程序时,其应用程序并不是运行在本地操作系统之上的,而是运行在服务器上的,客户机只显示程序的界面和用户的操作。服务器则仅向用户提供表示层,从而降低成本并改进服务。

4. 主流的虚拟化架构

随着虚拟化技术的不断推广和应用,服务器虚拟化的核心技术凸显出优势。目前市面上主流的虚拟化架构技术包括 KVM、Xen、ESXi 等,它们主要差别在于各组件(CPU、内存、磁盘与网络 IO)的虚拟化与调度管理实现组件有所不同。在 ESXi 中,所有虚拟化功能都在内核实现。Xen 内核仅实现 CPU 与内存虚拟化,IO 虚拟化与调度管理由 Domain0(主机上启动的第一个管理虚拟机)实现。KVM 内核实现 CPU 与内存虚拟化,

QEMU 实现 IO 虚拟化,通过 Linux 进程调度器实现虚拟机管理。

14.2　KVM 虚拟化

KVM 的全称是 Kernel Virtual Machine,意即基于内核的虚拟机,是一个开源的虚拟化模块。

1. KVM 的产生

KVM 最早是由以色列的 Qumranet 公司开发的,后于 2008 年被 Linux 的发行版提供商 RedHat 公司收购。RedHat 公司从而成为 KVM 开源项目的新主人,开始用 KVM Xen。2010 年后,RedHat 在其新推出的 RedHat Enter prise Linux 2.6.20 版本的系统内核中集成了 KVM 虚拟机,摒弃了早前 RHEL5x 系列中集成的 Xen。

2. KVM 的特点

KVM 是基于 Linux 内核的、完全原生的全虚拟化解决方案。与半虚拟化(准虚拟化)不同,全虚拟化提供了完整的 x86 平台,包括处理器、磁盘空间、网络适配器及 RAM 等,其无须对客户机操作系统做任何修改便可运行已存在的基于 x86 平台下的操作系统和应用程序。

与 Xen 相比,其优势显而易见:①KVM 是开源平台,大幅降低了虚拟机的部署成本;②KVM 在内核 2.6.20 版之后被自动整合到 Linux 内核中,Xen 所需的内核源代码补丁与特定的内核版本绑定,安装时需要大量的软件包,却仍然无法保证每个 Xen 的正常运行;③Xen 的虚拟机管理程序是一段单独的源代码,并提供一组专门的管理命令,不是所有 Linux 使用者都熟悉,但 KVM 的命令行管理工具继承自 QEMU,已经被 Linux 学习者广泛接受。

3. KVM 与 QEMU、Libvirt 组件的关系

KVM 虚拟机是基于 Linux 内核虚拟化,使用 Linux 自身的调度器进行管理。它是 Linx Kernel 的一个模块,可以用命令 modprobe 去加载 KVM 模块。加载了该模块后,才能进一步通过工具创建虚拟机。但是仅有 KVM 模块是不够的,它仅可以实现 CPU 和内存的虚拟化,却无法模拟其他的设备,而 QEMU 可以模拟 IO 设备(网卡,磁盘),因此 KVM 模块和 QEMU 共同配合才能实现真正意义上的服务器虚拟化。Libvirt 则是调用 KVM 虚拟化技术的接口,用于管理接口,提高 KVM 的使用效率。

KVM、QEMU、Libvirt 三者之间的关系如图 14-2 所示。

14.2.1　KVM 与 QEMU 的关系

QEMU 是一个独立的虚拟化解决方案,通过 Intel-VT 或 AMD SVM 技术可以实现全虚拟化。它是开源的虚拟机软件,安装 QEMU 系统可以直接模拟出另一个完全不同的系统环境。QEMU 本身可以不依赖 KVM,但是如果有 KVM 的存在,QEMU 在进行

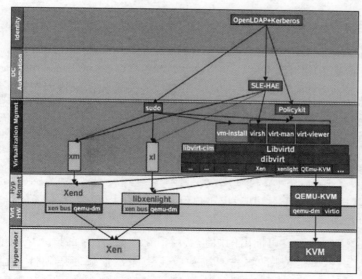

图 14-2　KVM、QEMU、Libvirt 之间的关系

处理器虚拟化时,能够用 KVM 提供的功能提高整体性能。QEMU 虚拟机靠纯软件实现,性能较低,但优势在于,它在支持 QEMU 本身编译运行的平台上就能实现虚拟机的功能,甚至虚拟机能和宿主机不是同一个架构。QEMU 存在完整成熟的代码,代码中包含整套的虚拟机实现,包括处理器虚拟化、内存虚拟化,以及 KVM 使用到的虚拟设备模拟。

14.2.2　KVM 与 Libvirt 的关系

Libvirt 是一个与 Linux 虚拟化功能交互的工具集,是目前使用最为广泛的对 KVM 虚拟机进行管理的工具和应用程序接口。Libvirt 包含应用程序接口 Libvirt API、守护进程 Libvirtd 和虚拟机命令行管理工具 vish。Libvirt 的主要目标是提供一个稳定、可靠、高效的应用程序接口 API,以便完成域管理、远程结点管理、存储管理、网络管理四个功能。

Libvirt 的最新 Linux 发行版还包含了一系列基于 Libvirt 的工具,用于简化虚拟机的维护管理:

(1) virt-install:一个创建虚拟机的工具,支持从本地镜像或网络镜像(NFS、FTP 等)启动。

(2) virsh:一个交互式/批处理 shell 工具,可以用于完成虚拟机的日常管理工作。

(3) virt-manager:一个通用的图形化管理工具,可以用于管理本地或远程的 Hypervisor 及其虚拟机。

(4) virt-viewer:一个轻量级的、能够安全连接到远程虚拟机的图形控制台工具。

14.3   VMware vSphere 虚拟化

14.3.1   服务器虚拟化技术

服务器虚拟化顾名思义就是将实体的物理服务器虚拟化,一般通过将底层物理设备与上层操作系统和软件分离实现。虚拟化后的管理平台可以为数据中心提供虚拟资源、虚拟化管理、资源优化、应用程序高可用性、操作自动化等功能,使计算资源得到高效灵活的应用。通过虚拟化,人们仅需要一台物理服务器作为基础支撑,就可以在此基础上虚拟出若干台计算机,这些虚拟计算机在用户角度看来与真实的物理计算机没有任何区别,可以实现物理计算机支持的任意功能,也可以利用虚拟化将若干业务整合到一台物理服务器上运行,即使其中一个服务崩溃也并不会对其他虚拟机的运行产生影响。

vSphere 是 VMware 公司推出的服务器虚拟化产品,是目前该领域中最领先、最可靠的虚拟化架构之一。vSphere 的操作系统和应用程序不依赖底层硬件,通过对底层硬件资源进行整合,服务器可以作为资源池分配和管理资源。vSphere 实现了业务在稳定可靠、方便快捷的平台环境中运行,其系统体系架构如图 14-3 所示。

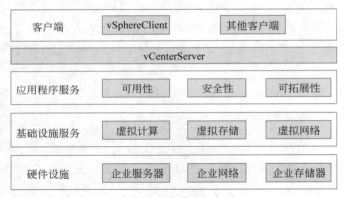

图 14-3   虚拟基础架构

最底层为硬件设施层,包括服务器、存储和网络等实体设施,其是平台构建的基础。

第二层为基础设施层,其为虚拟化提供基础架构服务,对计算、存储和网络的虚拟主要在该层完成。vSphere 主要针对计算提出虚拟,对于存储仅限于 vSphere vStorage 实现共享存储,共享存储是由 ESXi 提供的存储器虚拟化,即在逻辑层面将物理存储器层从虚拟机中分离出来,作为一组位于存储上的文件,vSphere 虚拟机集群中所有的宿主机都可以访问该存储。对于网络,vSphere 虚拟化架构中的网络虚拟只在二层,在二层交换机层面实现虚拟。

第三层为应用程序服务层,其可提供安全性、可用性、可扩展性等服务。高级功能如HA(高可用性)、vMotion(在线迁移)、DRS(分布式资源调度)等都在该层得以实现。这些应用服务程序可提供自助的服务应用,并且允许应用程序的扩展和增加。

第四层即为用于管理整个环境的 vCenter Server,其承担着中央管理工具的角色,也是 vSphere 最重要的组件之一。

　　最顶层则为客户端,一般包括 vSphere Client、vSphere web Client 或者其他客户端,运行在普通的客户计算机之上,为用户提供管理界面。

14.3.2　vSphere 的重要基础组件

　　vSphere 的两个核心软件是 ESXi 和 vCenter Server。ESXi 虚拟化平台用于创建和运行虚拟机和虚拟设备;vCenter Server 服务用于管理网络和池主机资源中连接的多个主机。

　　ESXi 是组成 vSphere 基础架构核心的虚拟化管理器,是一个用于创建和运行虚拟机的平台,其可以同时运行多个虚拟机,虚拟机之间共享相同的物理资源。作为一款软件,ESXi 可直接安装在物理服务器上,它的所有管理功能都可以由管理工具提供。

　　ESXi 体系结构独立于任何通用操作系统,可提高安全性、增强可靠性并简化管理。其紧凑型体系结构设计旨在直接集成到针对虚拟化进行优化的服务器硬件中,从而实现快速安装、配置和部署。从体系结构来说,ESXi 包含虚拟化层和虚拟机,而虚拟化层有两个重要组成部分:虚拟化管理程序 VMkernel 和虚拟机监视器 VMM。ESXi 主机可以通过 vSphere Client、vCLI、API/SDK 和 CIM 接口接入管理,具体架构如图 14-4 所示。ESXi 在 5.0 以前的版本中叫作 ESX,ESXi 在此基础上精简了控制台。

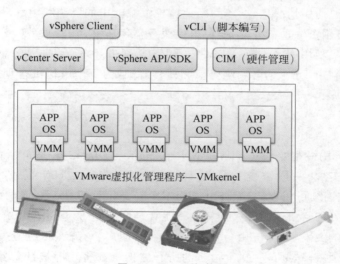

图 14-4　ESXi 架构图

　　vCenter Server 是一种服务,承担着中央管理工具的角色,被用于管理多台连接到网络的 ESXi 服务器,管理物理和虚拟基础架构。

　　安装完成 ESXi 主机和 vCenter 之后即可将所有 ESXi 服务器连入 vCenter,放置在 vCenter 系统的数据中心和集群中,并使用 vSphere Client 对主机进行管理。vSphere Client 有客户端和网页端,用户可通过 vCenter Server 连接到 ESXi 主机,也可以直接连接到 ESXi 主机。虚拟机可以独立地在 ESXi 主机上运行,也可以在 vCenter Server 管理的 ESXi 主机上运行。也就是说 vCenter Server 可被用于将多个 ESXi 主机的资源整合到一个集群中以实施监控和管理。

vSphere 的其他主要功能组件包括以下几项。

1. vMotion

vMotion(在线迁移)功能的作用就是在某台 ESXi 负载过高时,将其承载的正在运行的虚拟机迁移到另一个较为空闲的 ESXi 主机,而其间不会中断服务,用户层面并无感知。vCenter Server 能够集中协调所有 vMotion 活动。

在使用 vMotion 进行实时迁移的过程中,虚拟机可以快速地在不同的 ESXi 服务器之间迁移,虚拟机上运行的各类程序也会被随之迁移到新的 ESXi 主机上。也就是说,通过平衡计算和调度,负载较重的主机上的虚拟机能够通过 vMotion 在线迁移到负载较轻的主机上,最终使整个集群的主机资源消耗相对平衡。

2. DRS

DRS(distributed resource scheduler,分布式资源调度)功能有助于改善所有主机和资源池中资源分配不均的状况,是提升服务器资源利用率的一项重要技术。DRS 将符合业界标准的服务器及其附带的网络和存储器聚合到一个共享的计算、网络和存储资源池中,可动态地分配和平衡计算容量以保证对资源的最优访问。它通过收集集群中所有主机和虚拟机的资源使用情况信息,不间断地监控资源池中的资源利用率,根据事物的优先性调整规则,对可用资源进行分配,避免出现服务器闲置或负载过高等极端情况,实现最大化地服务器资源利用率。部署 VMware DRS 相对并不复杂,主要的难点是怎样根据实际情况合理地制定 DRS 的各项临界值和迁移规则,为每个虚拟机合理、按需地提供共享内存和共享计算。

3. 可用性

vSphere 的可用性主要通过 HA(VMware high availability,高可用性)和 FT(fault tolerance,容错)实现,一般被统一称为 HA。其中,vSphere HA 提供快速中断恢复,vSphere FT 提供连续可用性。vMotion 和 DRS 主要针对的是计划内的维护,而可用性针对的则是计划外的宕机或故障。前者由于是计划内实施,对应用来说并无感知,而 HA 针对的是计划外的突发状况,应用会有重启的过程,用户会有轻微的服务中断的感知。即如果一台主机出现故障,则该主机上运行的所有虚拟机都将立即被迁移到同一集群的其他主机上重新启动,该过程时间较短,减少了服务的中断时间,实现了高可用性。

HA 通过提供快速恢复中断来使意外停机时间最小化,FT 主要通过记忆功能提供中断连续性。由于服务器虚拟化的本质就是在一台物理服务器上虚拟出多台相对独立的计算机,并运行各种业务,一旦物理机出现故障并宕机,势必会影响部署在整台物理机上的所有应用,带来严重的后果。VMware 的 HA 机制能很好地解决上述问题,当服务器出现突发、非计划内的故障时,受影响的虚拟机将在集群中的其他有条件主机上自动重启。

在启用群集的 HA 功能时,需要预先指定希望能够恢复的主机数量。如果将允许的主机故障数指定为 1，HA 将使整个集群具备足够的容量来处理这一台主机的故障。该主机上所有正在运行的虚拟机都能够在其余的主机上重新正常启动。默认情况下，如果其他主机上并没有足够的备用容量，则启动虚拟机时会与故障切换所需要的容量发生冲突，也就导致无法启动此虚拟机。因此使用 HA 时，必须要确保拥有足够的冗余资源以对需要由 HA 保护的主机进行故障切换，DRS 会在新的资源分配环境下根据负载情况提出迁移建议或直接迁移虚拟机以达到资源的平衡分配。vCenter Server 系统在这里起的作用就是自动管理资源并配置集群。

14.4　云计算基本概念

随着移动计算技术与云计算技术的发展，云计算教育技术得到了越来越广泛的关注和应用，通过云技术的教育教学思路可以促进现有教学方法的改革，有利于快速获取和传播知识，为教师丰富教学内容，提高教学质量提供了保障。本节将介绍现代网络安全防御技术及措施，在云计算、大数据、互联网技术迅猛发展并广泛应用的背景下，网络信息安全问题已愈加显著，对网络信息安全人才培养已成为时代命题，由此"网络信息安全"课程思政教育意义重大，通过课程的学习强化网络安全意识，提升网络安全知识能力，做网络信息安全的坚定维护者与实践者。

14.4.1　云计算概述

云计算（cloud computing）是分布式计算的一种，指的是通过网络"云"将巨大的数据计算处理程序分解成无数个小程序，然后，通过多台服务器组成的系统处理和分析这些小程序，得到结果并返回给用户。简单地说，云计算早期就是简单的分布式计算，解决任务分发，并进行计算结果的合并。因而云计算又被称为网格计算。这项技术可以在很短的时间内（几秒）完成对数以万计的数据的处理，从而实现强大的网络服务。

现阶段所说的云服务已经不单单是分布式计算，而是分布式计算、效用计算、负载均衡、并行计算、网络存储、热备份冗余和虚拟化等计算机技术混合演进并跃升的结果。

"云"实质上就是一个网络，狭义上讲，云计算就是一种提供资源的网络，使用者可以随时获取"云"上的资源，按需求量使用，并且可以被看作能无限扩展的，只要按使用量付费即可。"云"就像自来水一样，人们可以随时接水，并且不限量，按照自己家的用水量付费给自来水厂就可以。

从广义上说，云计算是与信息技术、软件、互联网相关的一种服务，这种计算资源共享池叫作"云"，云计算把许多计算资源集合起来，通过软件实现自动化管理，只需要很少的人参与，就能快速得到资源。也就是说，计算能力作为一种商品，可以在互联网上流通，就像水、电、燃气一样，人们可以方便地取用，且价格较为低廉。

总之，云计算不是一种全新的网络技术，而是一种全新的网络应用概念。云计算的核心概念就是以互联网为中心，在网站上提供快速且安全的计算服务与数据存储，让每一个使用互联网的人都可以使用网络上的庞大计算资源与数据中心。

14.4.2　云计算的优势

云计算的可贵之处在于高灵活性、可扩展性和高性价比等。与传统的网络应用模式相比,云计算具有如下优势与特点。

1. 虚拟化技术

虚拟化突破了时间、空间的界限,是云计算最为显著的特点,虚拟化技术包括应用虚拟和资源虚拟两种。众所周知,物理平台与应用部署的环境在空间上是没有任何联系的,正是通过虚拟化平台对相应终端操作完成数据备份、迁移和扩展等。

2. 动态可扩展

云计算具有高效的运算能力,在原有服务器基础上增加云计算功能能够使计算速度迅速提高,最终动态地扩展虚拟化的层次,以达到扩展应用的目的。

3. 按需部署

计算机包含了许多应用、程序软件等,不同的应用对应的数据资源库不同,因此用户运行不同的应用需要较强的计算能力,并对资源进行部署,而云计算平台能够根据用户的需求快速配备计算能力及资源。

4. 灵活性高

目前市场上大多数 IT 资源都已支持虚拟化,如存储网络、操作系统和开发软硬件等。虚拟化要素统一放在云系统资源虚拟池中进行管理,可见云计算的兼容性非常强,不仅可以兼容低配置服务器、不同厂商的硬件产品,还能够获得更高的计算性能。

5. 可靠性高

云计算中的服务器故障不影响计算与应用的正常运行,这是因为出现故障的单点服务器可以通过虚拟化技术将分布在不同物理服务器上的应用恢复或利用动态扩展功能部署新的服务器进行计算。

6. 性价比高

将资源放在虚拟资源池中统一管理在一定程度上优化了物理资源,用户不再需要存储空间大的昂贵主机,可以选择相对廉价的 PC 组成云,这样一方面可以减少费用,另一方面其计算性能也不逊于大型主机。

7. 可扩展性

用户可以利用应用软件的快速部署而简单快捷地扩展自身所需的已有业务以及新业务。如计算机系统设备出现故障,对于用户来说,利用云计算具有的动态扩展功能可以对其他服务器开展有效扩展。这样一来就能够确保任务有序完成。对虚拟化资源进行动态扩展,同时能够高效扩展应用,提高计算机云计算的操作水平。

14.4.3　云计算的部署模型

1. 私有云

云端资源只给一个单位组织内的用户使用,这是私有云的核心特征。而云端服务的所有权、日常管理和操作的主体到底属于谁并没有严格的规定,可能是本单位,也可能是第三方机构,还可能是二者的联合。云端服务器可能被位于本单位内部,也可能被托管在其他地方。

2. 社区云

云端资源专门给固定的几个单位内的用户使用,而这些单位对云端具有相同的诉求(如安全要求、云端使命、规章制度、合规性要求等)。云端服务的所有权、日常管理和操作的主体可能是本社区内的一个或多个单位,也可能是社区外的第三方机构,还可能是二者的联合。云端服务器可能被部署在本地,也可能被部署于他处。

3. 公共云

云端资源开放给社会公众使用。云端服务的所有权、日常管理和操作的主体可以是一个商业组织、学术机构、政府部门或者它们其中几个的联合。云端服务器可能被部署在本地,也可能被部署于其他地方。

4. 混合云

混合云由两个或两个以上不同类型的云(私有云、社区云、公共云)组成,它们各自独立,但由标准的或专有的技术被组合起来,这些技术能实现云之间的数据和应用程序的平滑流转。多个相同类型的云组合在一起属于多云的范畴。

由私有云和公共云构成的混合云是目前最流行的——当私有云资源短暂性需求过大(被称为云爆发,cloud bursting)时,自动租赁公共云资源可以平抑私有云资源的需求峰值。

14.4.4　云计算的服务类型

云计算的服务类型分为三类,包括基础设施即服务(IaaS)、平台即服务(PaaS)和软件即服务(SaaS)。这 3 种云计算服务有时被称为云计算堆栈,因为它们构建堆栈,概述如下。

1. 基础设施即服务(IaaS)

基础设施即服务是主要的云服务类别,它向个人或组织提供虚拟化计算资源,如虚拟机、云存储、网络和操作系统。

2. 平台即服务(PaaS)

平台即服务为开发人员提供通过互联网构建应用程序和服务的平台,为开发、测试和管理软件应用程序提供按需开发的环境。

3. 软件即服务(SaaS)

软件即服务通过互联网提供按需付费软件程序,云计算提供商可以托管和管理软件应用程序,并允许用户连接到应用程序并通过互联网访问。

14.4.5　云计算的关键技术

云计算是一种以数据和处理能力为中心的密集型计算模式,它融合了多项计算和通信技术,是传统技术"平滑演进"的产物,其中以虚拟化技术、分布式数据存储技术、编程模型、大规模数据管理技术、分布式资源管理、信息安全、云计算平台管理技术、绿色节能技术最为关键。

1. 虚拟化技术

虚拟化是云计算最重要的核心技术之一,它为云计算服务提供基础架构层面的支撑,是计算和通信技术服务快速走向云计算的最主要驱动力。可以说,没有虚拟化技术也就没有云计算服务的落地与成功。随着云计算应用的持续升温,业内对虚拟化技术的重视也提到了一个新的高度。很多人对云计算和虚拟化的认识都存在误区,认为云计算就是虚拟化。事实上并非如此,虚拟化是云计算的重要组成部分但不是全部。

从技术上讲,虚拟化是一种在软件中仿真计算机硬件,以虚拟资源为用户提供服务的计算形式,旨在合理调配计算机资源,更高效地提供服务。它把应用系统各硬件间的物理划分打破,从而实现架构的动态化,实现物理资源的集中管理和使用。虚拟化的最大好处是增强系统的弹性和灵活性、降低成本、改进服务、提高资源利用效率。

从表现形式上看,虚拟化又分两种应用模式。一是将一台性能强大的服务器虚拟成多个独立的小服务器,服务不同的用户;二是将多个服务器虚拟成一个强大的服务器,完成特定的功能。这两种模式的核心都是统一管理、动态分配资源、提高资源利用率。在云计算中,这两种模式都有比较多的应用。

2. 分布式数据存储技术

云计算的另一大优势就是能够快速、高效地处理海量数据。在数据爆炸的今天,这一点至关重要。为了保证数据的高可靠性,云计算通常会采用分布式存储技术,将数据存储在不同的物理设备中。这种模式不仅摆脱了硬件设备的限制,同时扩展性更好,能够快速响应用户需求的变化。

分布式存储与传统的网络存储并不完全一样,传统的网络存储系统采用集中的存储服务器存放所有数据,存储服务器成为系统性能的瓶颈,不能满足大规模存储应用的需要。分布式网络存储系统采用可扩展的系统结构,利用多台存储服务器分担存储负荷,利用位置服务器定位存储信息,它不但提高了系统的可靠性、可用性和存取效率,还易于扩展。

在当前的云计算领域,谷歌的 GFS 和用 Hadoop 开发的 HDFS 开源系统是比较流行的两种云计算分布式存储系统。GFS(Google file system)技术是谷歌的非开源云计算平台,可以满足大量用户的需求,并行地为大量用户提供服务,其使云计算的数据存储技术具有了高吞吐率和高传输率特点。

HDFS(Hadoop distributed file system)技术是大部分计算机和通信厂商(包括Yahoo、Intel)的"云"计划采用的数据存储技术。其未来的发展将集中在超大规模的数据存储、数据加密和安全性保证,以及继续提高 I/O 速率等方面。

3. 编程模式

从本质上讲,云计算是一个多用户、多任务、支持并发处理的系统。高效、简捷、快速是其核心理念,它旨在通过网络把强大的服务器计算资源方便地分发到终端用户手中,同时保证低成本和良好的用户体验。在这个过程中,编程模式的选择至关重要。云计算项目中分布式并行编程模式被广泛采用。

分布式并行编程模式创立的初衷是更高效地利用软硬件资源,让用户更快速、更简单地使用应用或服务。在分布式并行编程模式中,后台复杂的任务处理和资源调度对用户来说是透明的,这样用户体验能够大大改善。MapReduce 是当前云计算主流并行编程模式之一,该模式将任务自动分成多个子任务,通过 Map 和 Reduce 两步实现任务在大规模计算结点中的调度与分配。

4. 大规模数据管理

处理海量数据是云计算的一大优势,但具体处理则涉及很多层面,因此高效的数据处理技术也是云计算不可或缺的核心技术之一。云计算不仅要保证数据的存储和访问,还要能够对海量数据进行特定的检索和分析。因此,数据管理技术必须能够高效地管理大量的数据。

谷歌的 BT(BigTable)数据管理技术和 Hadoop 团队开发的开源数据管理模块 HBase 是业界比较典型的大数据管理技术。

(1) BT(BigTable)数据管理技术:BigTable 是非关系数据库,是一个分布式的、持久化存储的多维度排序 Map。BigTable 建立在 GFS、Scheduler、Lock Service 和 MapReduce 之上,与传统的关系数据库不同,它把所有数据都作为对象处理,形成一个巨大的表格,用以分布式地存储大规模结构化数据。Bigtable 的设计目的是可靠地处理 PB 级别的数据,并且能够部署到上千台机器上。

(2) 开源数据管理模块 HBase:HBase 是 Apache 公司的 Hadoop 项目的子项目,定位于分布式、面向列的开源数据库。HBase 不同于一般的关系数据库,它是一个适合非结构化数据存储的数据库,采用基于列的而不是基于行的模式。作为高可靠性分布式存储系统,HBase 在性能和可伸缩方面都有比较好的表现。利用 HBase 技术可在廉价 PC 服务器上搭建起大规模结构化存储集群。

5. 分布式资源管理

云计算采用了分布式技术存储数据,那么自然要引入分布式资源管理技术。在多结点的并发执行环境中,各个结点的状态需要同步,并且在单个结点出现故障时,系统需要有效的机制保证其他结点不受影响。而分布式资源管理系统恰是这样的技术,它是保证系统状态的关键。

另外,云计算系统所处理的资源往往非常庞大,少则几百台服务器,多则上万台,同时可能跨越多个地域,且云平台中运行的应用也是数以千计。如何有效地管理这些资源,保证它们正常提供服务,这需要强大的技术支撑。因此,分布式资源管理技术的重要性可想而知。

全球各大云计算方案/服务提供商都在积极开展相关技术的研发工作。其中谷歌内部使用的 Borg 技术很受业内称道。另外,微软、IBM、Oracle/Sun 等云计算巨头都有相应的解决方案。

6. 信息安全

调查数据表明,安全已经成为阻碍云计算发展的最主要原因之一。因此,要想保证云计算能够长期稳定、快速地发展,安全是需要首先解决的问题。在云计算体系中,安全涉及网络安全、服务器安全、软件安全、系统安全等。因此,有分析师认为,云安全产业的发展将把传统安全技术提升到一个新的阶段。

现在,不管是软件安全厂商还是硬件安全厂商都在积极研发云计算安全产品和方案,包括传统杀毒软件厂商、软硬防火墙厂商、IDS/IPS 厂商在内的各个层面的安全供应商都已加入云安全领域。

7. 云计算平台管理

云计算资源规模庞大,服务器数量众多并可能分布在不同的地点,同时运行着数百种应用,如何有效地管理这些服务器,保证整个系统提供不间断的服务是巨大的挑战。云计算系统的平台管理技术,需要具有高效调配大量服务器资源,使其更好地协同工作的能力。其中,方便地部署和开通新业务、快速发现并且恢复系统故障,通过自动化、智能化手段实现大规模系统的可靠运营是云计算平台管理技术的关键。

对于提供者而言,云计算可以有三种部署模式,即公共云、私有云和混合云。这三种模式对平台管理的要求大不相同。对于用户而言,由于企业对于计算和通信资源共享的控制、对系统效率的要求以及计算和通信成本投入预算不尽相同,企业所需要的云计算系统规模及管理性能也大不相同,因此,云计算平台管理方案要更多地考虑定制化需求,应能够满足不同场景的应用需求。

包括谷歌、IBM、微软、Oracle/Sun 等在内的许多厂商都有云计算平台管理方案推出。这些方案能够帮助企业实现基础架构整合,实现企业硬件资源和软件资源的统一管理、统一分配、统一部署、统一监控和统一备份,打破应用对资源的独占,让企业云计算平台价值得以充分发挥。

8. 绿色节能技术

节能环保是全球整个时代的大主题。云计算以低成本、高效率著称,具有巨大的规模经济效益,在提高资源利用效率的同时,节省了大量能源。因此,绿色节能技术已经成为云计算必不可少的技术,未来越来越多的节能技术还会被引入云计算中。

14.4.6　云计算的现代网络安全防御技术与措施

1. 对数据进行加密处理

为了能够保证信息的安全性,传播的信息需要接受加密处理。采用加密技术的主要基础就是保护价值比较高的数据。通过对文件的加工与处理,在一定程度上保证了数据传播的安全有效性。即使在信息数据丢失之后,非法的第三方也将没有办法方便地开展相关信息的应用。在对信息信息技术的应用与观察上,需要对信息进行一定的加密才能对存储系统进行安全有效的管理。

2. 安全存储技术

在实际信息的管理中,网络数据的安全性在一定程度上是决定了后续信息应用的根本保障,需要将信息进行隔离,进而建立安全可靠的数据网络。对信息的保护能够实现对于位置与隔离任务上的安全处理,保障信息的安全。在进行云服务的时候,供应商的整体数据是可以通过隔离的方式来将其更为有效地显示。服务商供应的数据处于共享下,要求数据必须加密需要更加注重存储与网络系统方面的安全。

3. 安全认证

为了保证用户信息安全,需要对客户信息进行认证。其实,在实际的应用中,并不是所有的信息都是需要用户的认证。一些非法后台的出现这些信息在一定的程度上就会影响相关信息的应用。在这个过程中,有些客户的相关信息是会被泄露的。为了能够减少对于这一方面的危害,就需要对客户的信息进行审核,这样在一定的程度上是可以保证信息安全认证的准确性,降低非法用户的使用,可以减少第三方的非法使用。

4. 数据防护信息化技术处理

信息技术在安全模式运行中,是需要通过周围边界进行一定的防护,对资源进行全方位的调整,对相关用户进行服务申请,进而对信息进行有效的调整。想要对信息进行集成化的建设,是需要建立在良好信息安全基础上的,相关的用户是可以通过对物理边界的防护来对整体用户进行相关的防护,进而对整体用户信息进行防护。

5. 病毒查杀防御

客户端上安装保证系统安全的补丁,这样在一定的程度上就可以防止攻击者利用互联网系统中的漏洞对计算机进行攻击。在系统中安装了相关杀毒软件后,需要对杀毒软件进行更新,确保客户端可以处于防火墙的保护中,还应该对系统进行随时的杀毒操作。用户需要加强对计算机网络安全的认识,对于一些不能确定安全的网站的链接是不能随意打开的。

附录 A LAMP 实战——QQ 农场网页游戏

A.1 LAMP 简介

LAMP 是由 Linux、Apache、MySQL、PHP 组成的一组常用来搭建动态网站或者服务器的开源软件。它们各自都是独立的程序,共同组成了一个强大的 Web 应用程序平台。随着开源潮流的蓬勃发展,开放源代码的 LAMP 已经与 J2EE 结合。该平台开发的项目在软件方面的投资成本较低,因此受到整个 IT 界的关注。

LAMP 是基于 Linux、Apache、MySQL 和 PHP 的开放资源网络开发平台,其中,Linux 是开放系统;Apache 是最通用的网络服务器;MySQL 是带有基于网络管理附加工具的关系数据库;PHP 是流行的对象脚本语言,它包含了多数其他语言的优秀特征,使得它的网络开发更加有效。

虽然这些开放源代码程序本身并不是专门设计成与另外几个程序一起工作的,但由于它们都拥有很多共同特点,且都是影响较大的开源软件,这就导致了这些组件经常在一起使用。在过去的几年里,这些组件的兼容性不断地完善,在一起应用的情形变得更加普遍。并且它们为了改善不同组件之间的协作,已经创建了某些扩展功能。目前,几乎在所有的 Linux 发布版中都默认包含了这些产品。Linux 操作系统、Apache 服务器、MySQL 数据库和 PHP 语言,这些产品共同组成了一个强大的 Web 应用程序平台。

越来越多的供应商、用户和企业投资者日益认识到,LAMP 单个组件的开源软件组成的平台用来构建以及运行各种商业应用,能够使项目变得更加具有竞争力,更加吸引客户。LAMP 无论在性能、质量还是在价格方面都具有竞争优势,因而成为企业、政府信息化所优先考虑的平台。

A.2 QQ 农场简介

QQ 农场是以农场为背景的模拟经营类游戏。游戏中,玩家扮演一个农场的经营者,完成从购买种子到耕种、浇水、施肥、除草、收获果实到出售给市场的整个过程。游戏颇具趣味性地模拟了作物的成长过程,因此玩家在经营农场的同时,也可以感受"作物养成"带来的乐趣。游戏中,玩家可以对自己的作物实施大部分动作,也同样可以对好友的作物实施动作。QQ 农场是由"五分钟"团队开发,嵌入在 QQ 空间和 QQ 校友平台中的网络游戏。

本章基于 LAMP 环境,利用开源的 UCenter 和 QQ 农场代码实现网页版的 QQ 农场游戏。

A.3　Linux 环境配置

Linux 环境配置过程如下。

（1）安装 CentOS 6.6 系统，在选择安装包时选择最小化安装，同时准备好 CentOS 6.6 安装光盘。

（2）关闭 Linux 防火墙，如图 A-1 所示。

```
[root@localhost ~]# iptables -F
[root@localhost ~]# iptables -L
Chain INPUT (policy ACCEPT)
target     prot opt source                destination

Chain FORWARD (policy ACCEPT)
target     prot opt source                destination

Chain OUTPUT (policy ACCEPT)
target     prot opt source                destination
```

图 A-1　关闭 Linux 防火墙

（3）关闭 SElinux，用 Vim 编辑器修改/etc/selinux/config 文件内容，如图 A-2 所示。

```
# This file controls the state of SELinux on the system.
# SELINUX= can take one of these three values:
#     enforcing - SELinux security policy is enforced.
#     permissive - SELinux prints warnings instead of enforcing.
#     disabled - No SELinux policy is loaded.
#SELINUX=enforcing
SELINUX=disabled
```

图 A-2　关闭 SElinux

重启服务器，则 SElinux 默认就是关闭状态。当然也可以配置完网卡后一并重启。

（4）关闭 NetworkManager，如图 A-3 所示。

```
[root@localhost ~]# service NetworkManager status
NetworkManager (pid  9752) is running...
[root@localhost ~]# /etc/init.d/NetworkManager stop
Stopping NetworkManager daemon:                            [ OK ]
[root@localhost ~]# chkconfig NetworkManager off
[root@localhost ~]# chkconfig | grep NetworkManager
NetworkManager  0:off   1:off   2:off   3:off   4:off   5:off   6:off
```

图 A-3　关闭 NetworkManager

（5）配置 IP 地址。

删除网卡设备识别文件。学校机房计算机系统多为克隆环境，VMware 虚拟机文件多为复制的副本，如果不删除网卡设备识别文件，则可能无法正确配置网络信息。如果在真实的 CentOS 环境及自行安装的虚拟机环境则可以忽略此步骤，如图 A-4 所示。

```
[root@localhost ~]# cd /etc/udev/rules.d/
[root@localhost rules.d]# rm -f 70-persistent-net.rules
```

图 A-4　网卡设备识别文件

配置 IP 地址时，要删除网卡配置文件中的 HWADDR 和 UUID 两行，这也是由于上述原因,如果自行安装 Linux 则可忽略此步骤。修改的文件内容如下。

```
DEVICE=eth0
#HWADDR=00:0C:29:BF:5A:31
TYPE=Ethernet
#UUID=3be6f849-c50e-4540-a511-6c506585132b
ONBOOT=yes
NM_CONTROLLED=no
BOOTPROTO=static
IPADDR=192.168.31.100
NETMASK=255.255.255.0
GATEWAY=192.168.31.1
```

(6)配置主机名及 host 文件,如下所示。

```
[root@localhost ~]#vim /etc/sysconfig/network
NETWORKING=yes
HOSTNAME=www.jlnucst.com

[root@localhost ~]#vim /etc/hosts
127.0.0.1   localhost localhost.localdomain localhost4 localhost4.localdomain4
::1         localhost localhost.localdomain localhost6 localhost6.localdomain6
192.168.31.100  www.jlnucst.com

[root@localhost ~]#reboot                    //重启系统
```

(7)配置本地的 YUM 源。

备份系统 YUM 源文件,配置本地 YUM 源文件,如图 A-5 所示。

```
[root@localhost ~]# cd /etc/yum.repos.d/
[root@localhost yum.repos.d]# mv CentOS-Base.repo CentOS-Base.repo.bf
[root@localhost yum.repos.d]# yum-config-manager --add-repo file:///mnt/cdrom
Loaded plugins: fastestmirror, refresh-packagekit
adding repo from: file:///mnt/cdrom

[mnt_cdrom]
name=added from: file:///mnt/cdrom
baseurl=file:///mnt/cdrom
enabled=1

[root@localhost yum.repos.d]# echo gpgcheck=0 >> /etc/yum.repos.d/mnt_cdrom.repo
```

图 A-5 配置本地 YUM 源

挂载光驱,测试本地 YUM 源,如图 A-6 所示。

```
[root@localhost ~]# mkdir /mnt/cdrom
[root@localhost ~]# mount /dev/cdrom /mnt/cdrom
mount: block device /dev/sr0 is write-protected, mounting read-only
[root@localhost ~]# yum clean all
Loaded plugins: fastestmirror, refresh-packagekit, security
Cleaning repos: mnt_cdrom mysql-connectors-community mysql-tools-community
              : mysql56-community webtatic
Cleaning up Everything
Cleaning up list of fastest mirrors
[root@localhost ~]# yum list
```

图 A-6 测试本地 YUM 源

A.4　安装 Apache、PHP、MySQL 软件

（1）安装 Apache 服务器软件。

安装 Apache，修改 ServerName 选项的参数为 www.jlnucst.com，开启 httpd 服务进程，测试 Apache 服务器（如图 A-7 所示），将 httpd 进程设为开机启动。

```
[root@www ~]#yum install httpd* -y
[root@www ~]#vim /etc/httpd/conf/httpd.conf
ServerName www.jlnucst.com:80
[root@www ~]#service httpd start
Starting httpd:                                    [  OK  ]
[root@www ~]#firefox www.jlnucst.com &
[1] 3167
[root@www ~]#chkconfig httpd on
```

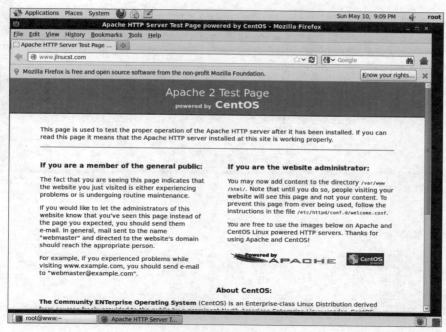

图 A-7　Apache 测试页

（2）安装 PHP 软件包。

安装 PHP 软件包后，编辑 index.php 页面，测试 PHP 运行情况。

```
[root@www ~]#yum install php -y
[root@www ~]#vim /var/www/html/index.php
<?php
    phpinfo();
```

```
? >
[root@www ~]#service httpd restart
Stopping httpd:                                           [  OK  ]
Starting httpd:                                           [  OK  ]
[root@www ~]#firefox www.jlnucst.com &
```

看到 PHP 运行信息页面(如图 A-8 所示),表示 PHP 已正常运行了。

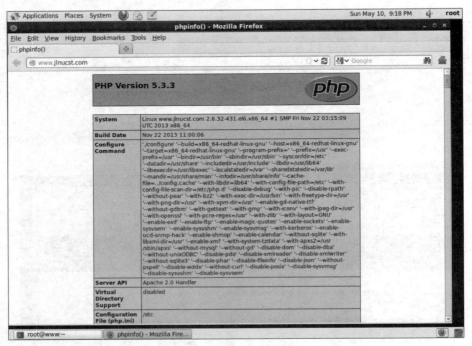

图 A-8　PHP 运行信息

(3) 安装 MySQL 软件包。

```
[root@www ~]#yum install mysql-server mysql -y
[root@www ~]#service mysqld start
Initializing MySQL database:   Installing MySQL system tables...
OK
Filling help tables...
OK

To start mysqld at boot time you have to copy
support-files/mysql.server to the right place for your system

[root@www ~]#mysql_secure_installation
```

配置完后,尝试登录 MySQL 数据库系统,将 MySQL 进程设为开机启动。

```
[root@www ~]#mysql -u root -p
Enter password:
[root@www ~]#chkconfig mysqld on
```

A.5　安装 UCenter

安装 UCenter 的过程如下。

（1）开启 vsftpd 服务或利用 WinSCP 等软件把 UCenter 安装包和 QQFarm 安装包上传到某目录下，例如 upload 目录。

```
[root@www ~]#unzip UC1.5.1_UCH2.0_DZ7.2_SC_UTF8.zip
[root@www ~]#ls -l
drwxr-xr-x   6 root root    4096 Jan  7  2010 upload
```

（2）将 upload 目录下所有文件及文件夹复制到/var/www/html 目录下，并赋予 html 目录及其下所有文件 777 权限。

```
[root@www ~]#cd upload
[root@www upload]#cp -r * /var/www/html/
[root@www ~]#chmod -R 777 /var/www/html
```

（3）将/etc/php.ini 文件中的 short_open_tag 参数修改为 On，重启 httpd 服务进程。

```
[root@www ~]#vim /etc/php.ini
short_open_tag=On
[root@www ~]#service httpd restart
Stopping httpd:                                          [  OK  ]
Starting httpd:                                          [  OK  ]
[root@www ~]#firefox www.jlnucst.com &
```

（4）打开 firefox 浏览器后，可看到 UCenter 安装向导页面。观察页面上的"环境检查""函数依赖性""目录、文件权限检查"等项有无"X"，全是"√"表示安装环境正常，可以安装，如图 A-9 所示。

若安装环境正常，可以单击"下一步"按钮，将出现填写数据库相关信息页面。数据名可以自己命名，数据库用户为 MySQL 的 root 用户，密码为 root 的密码，其他信息任意，然后单击"安装"按钮，如图 A-10 所示。

（5）单击"安装"按钮后，将出现"数据库连接成功！开始安装"提示信息框，如图 A-11 所示。

（6）系统弹出如图 A-12 所示的页面，表示安装完成。单击"安装完成"按钮，将出现图 A-13～图 A-14 所示的页面，即可确认完成。

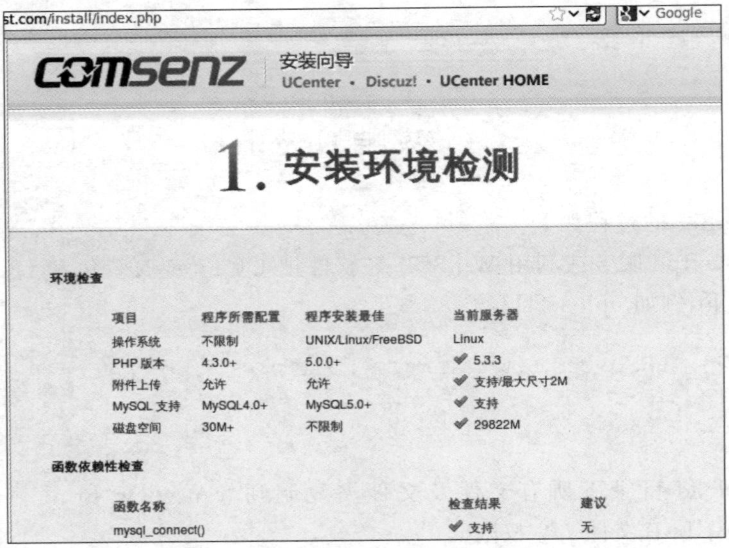

图 A-9 UCenter 安装环境检测

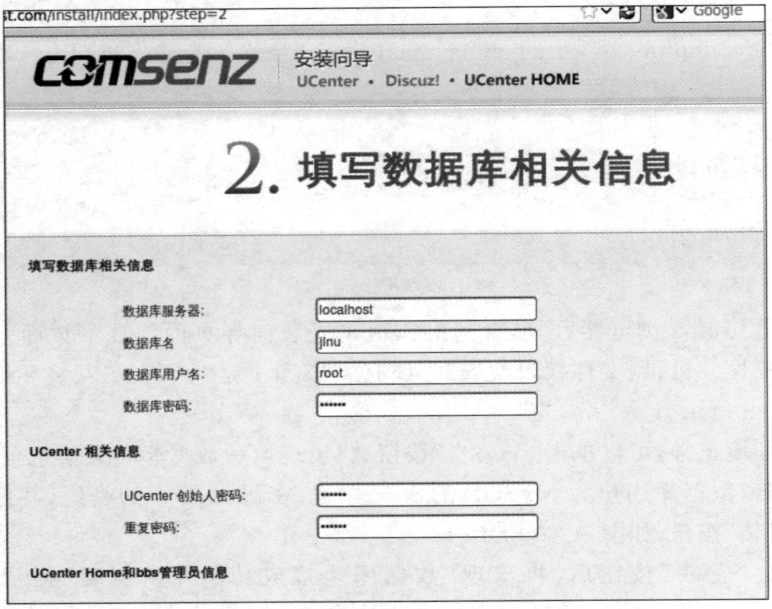

图 A-10 UCenter 数据库及管理员初始化页面

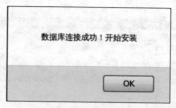

图 A-11   数据库连接成功页面

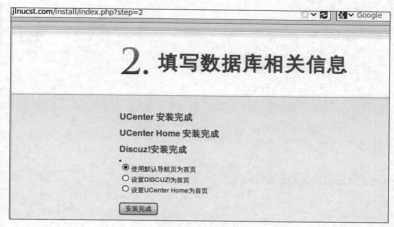

图 A-12   UCenter 安装完成

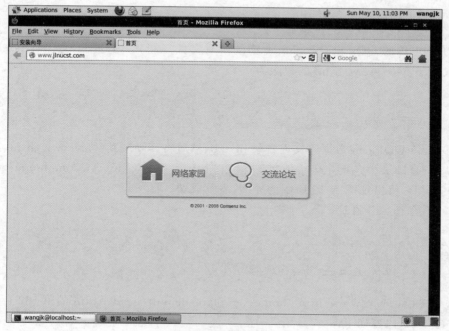

图 A-13   安装完成 1

图 A-14　安装完成 2

A.6　安装 QQ 农场

安装"QQ 农场"软件的过程如下。

（1）将上传的 QQFarm\4uchome 中的所有文件复制到/var/www/html/home 目录中，再次赋予/var/www/html 的权限为 777。

```
[root@ www 4uchome]#cp - r * /var/www/html/home
[root@ www 4uchome]#chmod - R 777 /var/www/html
```

（2）上传 QQFarm 数据库文件目录 install，然后将其复制到/var/www/html/home/qqfarm/core/目录中，在浏览器地址栏输入"http：//www.jlnucst.com/home/qqfarm/core/install/"，将出现图 A-15 所示的界面，表示成功。

（3）删除 install 目录。

```
[root@ www core]$pwd
/var/www/html/home/qqfarm/core
[root@ www core]$rm - rf install
```

（4）在文件/var/www/html/home/template/default/header.htm 的第 162 行后添加新的一行代码，内容如下。

```
<li><img src="image/app/farm.gif"><a href="qqfarm.php? do=topic">qqfarm</a></li>
```

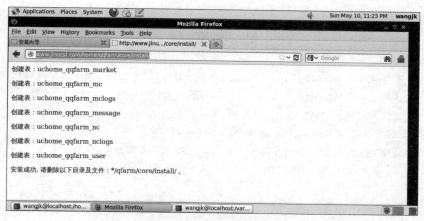

图 A-15　启动成功

（5）由于 CentOS 6.6 下的 Firefox 浏览器默认未安装 Flash 插件，要在 Windows 客户端验证配置结果，须向 Windows 客户端的 C:\Windows\System32\drivers\etc\hosts 文件末尾添加下面语句。

```
192.168.31.100    www.jlnucst.com
```

（6）打开 IE 浏览器，在地址栏中输入"www.jlnucst.com"后，用设置的 admin 账号或新建账号登录，单击"热闹"，将出现 qqfarm 图标并出现 qq 农场游戏，如图 A-16 所示。

图 A-16　农场游戏页面

参 考 文 献

[1]　马玉军,陈连山. Red Hat Enterprise Linux 6.5 系统管理[M]. 北京：清华大学出版社,2014.

[2]　鸟哥. 鸟哥的 Linux 私房菜[M]. 3 版. 北京：人民邮电出版社,2010.

[3]　鸟哥. 鸟哥的首页[EB/OL]. (2023-02-16)[2023-02-16]. http://linux.vbird.org/.

[4]　张玲. Linux 操作系统基础、原理与应用[M]. 北京：清华大学出版社,2014.

[5]　高俊峰. 高性能 Linux 服务器构建实战[M]. 北京：机械工业出版社,2014.

[6]　王刚. Linux 命令、编辑器与 Shell 编程[M]. 北京：清华大学出版社,2012.

图书资源支持

感谢您一直以来对清华版图书的支持和爱护。为了配合本书的使用，本书提供配套的资源，有需求的读者请扫描下方的"书圈"微信公众号二维码，在图书专区下载，也可以拨打电话或发送电子邮件咨询。

如果您在使用本书的过程中遇到了什么问题，或者有相关图书出版计划，也请您发邮件告诉我们，以便我们更好地为您服务。

我们的联系方式：

清华大学出版社计算机与信息分社网站：https://www.shuimushuhui.com/

地　　　址：北京市海淀区双清路学研大厦 A 座 714

邮　　　编：100084

电　　　话：010-83470236　010-83470237

客服邮箱：2301891038@qq.com

QQ：2301891038（请写明您的单位和姓名）

资源下载：关注公众号"书圈"下载配套资源。

资源下载、样书申请

书圈

图书案例

清华计算机学堂

观看课程直播